高职高专国家示范性院校课改教材

西门子 S7 – 300 PLC 编程与应用

主　编　童克波

参　编　陈　琛　陈　鹏　马　莉

西安电子科技大学出版社

内 容 简 介

西门子 S7-300 PLC 是国内应用范围极广、市场占有率极高的可编程控制器产品。全书分为基础知识篇和实际应用篇。基础知识篇主要介绍了西门子 S7-300 PLC 的硬件组成、作用和工作原理，I/O 模块及外围设备，S7-300 PLC 的编程基础，STEP 7 的数据类型；实际应用篇通过大量的实例讲述了西门子 S7-300 PLC 的指令系统及编程应用，通信及实现。

本书注重实际应用，淡化基础理论内容叙述，采用"任务引入"、"任务实施"的高职教改模式，通过任务的具体实施，使读者模仿学习，从而掌握西门子 S7-300 PLC 从线性化编程到结构化编程再到通信的简单应用。

本书既可作为高职院校电气自动化专业、机电设备维修与管理等专业的教材，也可作为工程技术人员的自学参考书。

图书在版编目（CIP）数据

西门子 S7-300 PLC 编程与应用/童克波主编 . —西安：西安电子科技大学出版社，2018.1
高职高专国家示范性院校课改教材
ISBN 978-7-5606-4761-6

Ⅰ. ① 西… Ⅱ. ① 童… Ⅲ. ① PLC 技术—程序设计 Ⅳ. ① TM571.61

中国版本图书馆 CIP 数据核字（2017）第 295998 号

策　　划　秦志峰
责任编辑　秦志峰
出版发行　西安电子科技大学出版社（西安市太白南路 2 号）
电　　话　(029)88242885　88201467　　　邮　　编　710071
网　　址　www.xduph.com　　　　　电子邮箱　xdupfxb001@163.com
经　　销　新华书店
印刷单位　陕西利达印务有限责任公司
版　　次　2018 年 1 月第 1 版　2018 年 1 月第 1 次印刷
开　　本　787 毫米×1092 毫米　1/16　印张 11.5
字　　数　269 千字
印　　数　1～2000 册
定　　价　26.00 元

ISBN 978-7-5606-4761-6/TM

XDUP 5063001-1

＊＊＊如有印装问题可调换＊＊＊

前　　言

PLC(可编程(逻辑)控制器)技术在不断发展,它与计算机技术、自动控制技术和通信技术已逐渐融为一体,并广泛应用于各行各业。其中,西门子 PLC 具有卓越的性能,在工控市场中占有非常大的份额,虽然西门子 S7 - 300/400 PLC 已被大多数技术人员所接受,但长期以来,S7 - 300/400 PLC 一直被公认是比较难入门的。为了使读者能更好地掌握其相关知识,我们在总结长期教学经验和工程实践的基础上编写了本书,力争使学生通过实际应用篇中的"任务实施"内容,掌握 PLC 的相关知识,并模仿学习,从而提高解决实际问题的能力。

全书分为基础知识篇和实际应用篇。基础知识篇主要介绍了西门子 S7 - 300 PLC 的硬件组成、作用和工作原理,I/O 模块及外围设备,S7 - 300 PLC 的编程基础和 STEP 7 的数据类型以及编址等内容。实际应用篇采用"任务引入"、"任务实施"的教改模式,以"知识够用"为原则,讲述了西门子 S7 - 300 PLC 的逻辑指令、部分功能指令和通信的应用,并通过大量的实例,从简单到复杂讲述了 S7 - 300 PLC 的编程方法,以期通过大量实例的实施,让学生真正学会 S7 - 300 PLC 的编程。

本书由兰州石化职业技术学院童克波老师担任主编,兰州石化职业技术学院陈琛、陈鹏、马莉参与编写。具体编写分工如下:陈琛老师编写第 1 章的内容,陈鹏老师编写第 2 章 2.1、2.2 的内容,马莉老师编写第 2 章 2.3、项目 3 任务 1 的内容,其余内容均由童克波老师编写。

在编写过程中,作者参阅了国内外大量的文献资料,在此对原作者表示深深的敬意和衷心的感谢!

限于编者的经验、水平,书中难免有不足之处,恳请读者批评指正。

编　者

2017 年 10 月

目　　录

上篇　基础知识

下篇　实际应用

上篇　基础知识

第 1 章　PLC 的硬件组成及工作原理

1.1　S7－300PLC 的基本组成及其各部分的作用

1. PLC 的发展历程

早期的可编程序控制器(以下简称"可编程控制器")是为取代继电器控制线路、存储程序指令、完成顺序控制而设计的,主要用于逻辑运算和计时、计数等顺序控制,均属于开关量控制。所以,英文将可编程控制器称为 Programmable Logic Controller,简称 PLC,中文翻译为可编程逻辑控制器。进入 20 世纪 70 年代,随着微电子技术的发展,PLC 采用了通用微处理器,这种控制器不再局限于当初的逻辑运算,其功能不断增强。因此,实际上应称之为 PC——可编程控制器。

20 世纪 80 年代,随着大规模和超大规模集成电路等微电子技术的发展,人们将微机技术应用到 PLC 中,使得它能更多地发挥计算机的功能,在原来逻辑控制的基础上增加了数据运算、数据传送和处理等功能,使其真正成为一种电子计算机工业控制设备。所以国外工业界在 1980 年以后正式将可编程逻辑控制器更名为可编程控制器(Programmable Controller),简称为 PC。但鉴于它和个人计算机(Personal Computer)的简称容易混淆,所以现在仍把可编程控制器简称为 PLC,不过 PLC 的内涵已发生了很大的变化。

可编程控制器一直在发展中,所以至今尚未对其下最后的定义。国际电工学会(IEC)曾先后于 1982.11、1985.1 和 1987.2 发布了可编程控制器标准草案的第一、二、三稿。在第三稿中,对 PLC 作了如下定义:"可编程控制器是一种数字运算操作电子系统,专为在工业环境下应用而设计。它采用了可编程序的存储器,用来在其内部存储执行逻辑运算、顺序控制、定时、计数和算术运算等操作的指令,并通过数字的、模拟的输入和输出,控制各种类型的机械或生产过程。可编程控制器及其有关的外围设备,都应按易于与工业控制系统形成一个整体、易于扩充其功能的原则来设计"。

从广义上讲,PLC 是一种特殊的工业控制计算机,只不过它比一般的计算机具有更强的与工业过程相连接的接口和更直接的适用于控制要求的编程语言。所以 PLC 系统与微机控制系统十分相似。

2. PLC 的基本组成

PLC 的基本组成(最小系统)由以下四部分组成:

(1) 中央处理单元(CPU);

(2) 存储器(RAM、ROM);

(3) 输入/输出单元(I/O 接口);

（4）电源（开关式稳压电源）；

其结构框图如图 1-1 所示。

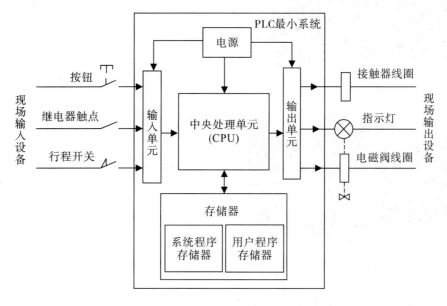

图 1-1　PLC 的基本组成（最小系统）

3. PLC 的分类

根据物理结构形式的不同，PLC 可分为整体式 PLC 和模块式 PLC 两类。整体式 PLC 组成示意图如图 1-2 所示，实物图如图 1-3 所示；模块式 PLC 组成示意图如图 1-4 所示，西门子 S7-300 模块式 PLC 实物图如图 1-5 所示。

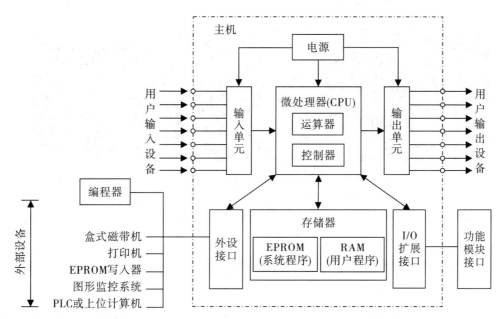

图 1-2　整体式 PLC 的组成示意图

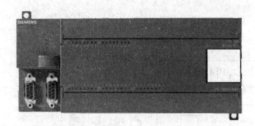

图 1 - 3　整体式 PLC 实物图

图 1 - 5　西门子 S7 - 300 模块式 PLC 实物图

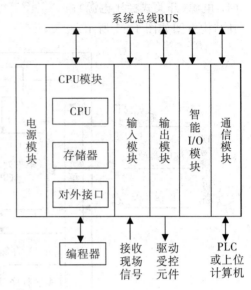

图 1 - 4　模块式 PLC 的组成示意图

4. S7 - 300 PLC 主要组成部分及其作用

S7 - 300 PLC 具有功能强、速度快、扩展灵活的特点，且具有紧凑的、无槽位限制的模块化结构，其组成示意图如图 1 - 6 所示。S7 - 300 PLC 的主要组成部分包括导轨 (RACK)、电源模块(PS)、中央处理单元模块(CPU)、接口模块(IM)、信号模块(SM)、功能模块(FM)、通信处理器(CP)等，通过 MPI(西门子 PLC 支持的一种通信保密协议)可以直接与编程器(PG)、按键式面板(OP)和其他 S7 系列 PLC 相连。

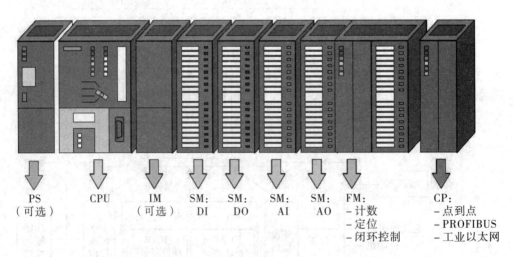

图 1 - 6　S7 - 300 PLC 的组成示意图

1) 导轨(RACK)

图 1 - 6 中的电源模块(PS)、CPU 模块、信号模块(SM)、功能模块(FM)、接口模块 (IM)、通信处理器(CP)都安装在导轨上。导轨是一种安装各类模块的金属机架，材料采

用特制不锈钢异型板，其长度有 160 mm、482 mm、530 mm、830 mm、2000 mm 几种类型，可根据实际需要选择。电源模块、CPU 及其他信号模块都可方便地安装在导轨上。安装时只要将模块钩在 DIN 标准的导轨上，然后用螺栓锁紧即可。S7 - 300 PLC 采用背板总线方式将各模块从物理上和电气上连接起来。

S7 - 300 PLC 机架如图 1 - 7 所示，S7 - 300 PLC 模块安装示意图如图 1 - 8 所示。S7 - 300 PLC 采用背板总线将除电源模块之外的各个模块连接起来。背板总线集成在各个模块上，各个模块都通过 U 形总线连接器相连，每个模块都有一个总线连接器，将总线连接器插入模块的背后。安装时，先将总线连接起来插在 CPU 模块的背后，并固定在导轨上，然后再依次接入各个模块。

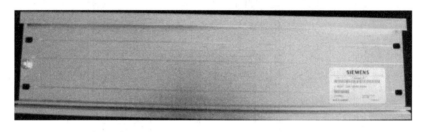

图 1 - 7   S7 - 300 PLC 机架

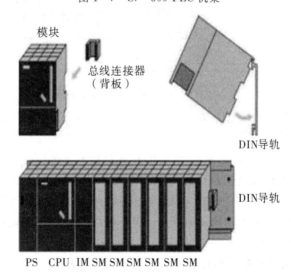

图 1 - 8   S7 - 300 PLC 模块安装示意图

2）电源模块（PS）

PLC 配有开关式稳压电源，供 PLC 内部使用。与普通电源相比，这种电源输入电压范围宽、稳定性好、抗干扰能力强、体积小、重量轻。有些机型还可向外提供 24 V DC 的稳压电源，用于对外部传感器的供电，这样避免了由于电源污染或使用不合格电源产品引起的故障，使系统的可靠性提高。

S7 - 300 PLC 有多种电源模块可供选择，其中的 PS305 模块为户外电源模块，其输入电压分别为直流 24 V、48 V、72 V、96 V、110 V，输出电压为直流 24 V；PS307 为普通型电源模块，输入电压分别为交流 120 V、230 V，输出电压为直流 24 V，适合大多数应用场合。根据输出电流的不同，PS307 模块有 2 A、5 A、10 A 三种规格的电源模块，它们除额定电流不同外，其工作原理即接线端子完全一样，PS307 模块接线端子图如图 1 - 9 所示。

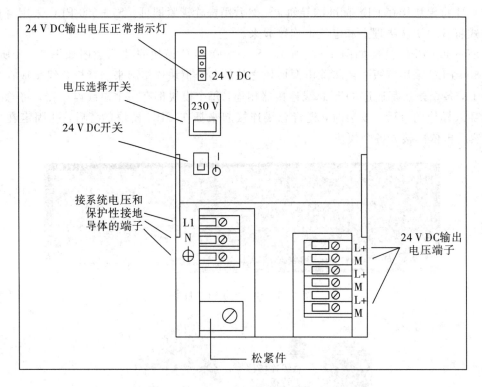

图 1 - 9　PS307 电源模块接线端子图

S7 - 300 PLC 的电源模块总是安装在机架的最左边，通过电源连接器或导线与 CPU 模块连接给 CPU 模块供电。CPU 模块紧靠电源模块，如果有接口模块，则电源模块可放在 CPU 模块的右侧，剩余的位置可任意安装其他的模块，如图 1 - 6 所示。电源模块与 CPU 模块、信号模块等模块之间是通过电缆连接的，而不是通过背板总线连接的。

一个实际应用中的 S7 - 300 PLC 系统，在所有的模块确定后，才能选择合适的电源模块。所选定的电源模块的输出功率必须大于 CPU 模块、所有 I/O 模块、各种智能模块等消耗功率之和，并且要留有 10% 左右的裕量。当同一电源模块既要为主机单元供电，又要为扩展单元供电时，从主机单元到最远一个扩展单元的线路压降必须小于 0.25 V。

3）中央处理单元模块（CPU）

（1）CPU 的功能。CPU 是 PLC 的核心部件。CPU 是 PLC 控制系统的运算及控制中心，它按照 PLC 的系统程序所赋予的功能完成如下任务：

① 控制从编程器输入的用户程序和数据的接收与存储。

② 诊断电源、PLC 内部电路的工作故障和在编程中出现的语法错误。

③ 用扫描的方式接收输入设备的状态（即开关量信号）和数据（即模拟量信号）。

④ 执行用户程序，输出控制信号。

⑤ 与外围设备或计算机进行通信。

（2）CPU 模块面板。CPU 内的元器件封装在一个牢固而紧凑的塑料机壳内，在其面板上有状态故障指示 LED、模式选择开关和通信接口。存储器插槽可以插入多达数兆字节的 FLASH EPROM 微存储器卡(简称为 MMC),用于掉电后程序和数据的保存。

　　图 1 - 10 是新型号的 CPU 31xC 的面板图,新型号的 CPU 必须有微存储器卡(MMC)才能运行,新型号 CPU 面板的横向宽度只有原来的一半。大多数 CPU 没有集成的输入/输出模块,有些 CPU 的 LED 要多一些,有的 CPU 只有一个 MPI 接口。老式 CPU 的模式选择开关是可以拔出来的钥匙开关,有的还有后备电池盒。

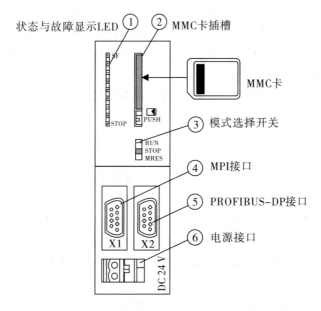

图 1 - 10　CPU 31xC 的面板

　　① 状态与故障显示 LED。CPU 模块面板上 LED(发光二极管)的意义如下:

　　• SF(系统出错/故障显示,红色):CPU 硬件产生故障或软件产生错误时灯亮。

　　• BF(BATF,电池故障,红色):电池电压低或没有电池时灯亮。

　　• DC 5 V(+5 V 电源指示,绿色):CPU 和 S7 - 300 PLC 的总线的 5 V 电源正常时灯亮。

　　• FRCE(强制,黄色):至少有一个 I/O 被强制时灯亮。

　　• RUN(运行方式,绿色):CPU 处于 RUN 状态时灯亮;重新启动时以 2 Hz 的频率闪亮;HOLD 状态时以 0.5 Hz 频率闪亮。

　　• STOP(停止方式,黄色):CPU 处于 STOP、HOLD 状态或重新启动时灯常亮;执行存储器复位时闪亮。

　　• BUSF(总线错误,红色):PROFIBUS - DP 接口硬件或软件发生故障时灯亮,集成有 DP 接口的 CPU 才有此 LED。集成有两个 DP 接口的 CPU 有两个对应的 LED(BUSEF 和 BUSRF)。

　　② CPU 的运行模式。CPU 有 4 种操作模式:STOP(停机)、STARTUP(启动)、RUN(运行)和 HOLD(保持)。在所有的模式中,都可以通过 MPI 接口与其他设备进行通信。

　　• STOP 模式:CPU 模块通电后自动进入 STOP 模式,在该模式不执行用户程序,可以接收全局数据和检查系统。

　　• RUN 模式:执行用户程序,刷新输入和输出状态,处理中断和故障信息服务。

· HOLD 模式：在 STARTUP 和 RUN 模式执行程序时遇到调试用的断点，用户程序的执行被挂起（暂停），定时器被冻结。

· STARTUP 模式：启动模式，可以用模式选择开关或编程软件启动 CPU。如果模式选择开关在 RUN 和 RUN - P 位置，通电时将自动进入启动模式。

③ 模式选择开关。有的 CPU 的模式选择开关（模式选择器）是一种钥匙开关，有的没有钥匙开关，操作时需要插入钥匙，用来设置 CPU 当前的运行方式。钥匙拔出后，就不能改变操作方式了，这样可以防止未经授权的人员非法删除或改写用户程序，还可以使用多级口令来保护整个数据库，使用户有效地保护其技术机密，防止未经允许复制和修改程序。钥匙开关各位置的意义如下：

· RUN - P（运行-编程）位置：CPU 不仅可以执行用户程序，在运行时还可以通过编程软件读取和修改用户程序，而且还可以改变运行方式。在该位置时不能拔出钥匙开关。

· RUN（运行）位置：CPU 执行用户程序，可以通过编程软件读出用户程序，但是不能修改用户程序。在该位置可以取出钥匙开关。

· STOP（停止）位置：不执行用户程序，通过编程软件可以读出和修改用户程序。在该位置可以取出钥匙开关。

· MRES（清除存储器）：MRES 位置不能保持，在该位置松手时开关将自动返回到 STOP 位置。将模式选择开关从 STOP 位置搬到 MRES 位置，可以复位存储器，使 CPU 回到初始状态。此时，工作存储器、RAM 装载存储器中的用户程序和地址区将被清除，全部存储器位置、定时器、计数器和数据块中的数据均被删除，即复位为零，包括有保持功能的数据。当 CPU 检测硬件、初始化硬件和系统程序的参数时，系统参数、CPU 和模块的参数被恢复为默认设置，MPI（多点接口）的参数会被保留。如果有快闪存储器卡，CPU 则在复位后将会把它里面的用户程序和系统参数复制到工作存储区。

复位存储器按下述顺序操作：PLC 通电后将钥匙开关从 STOP 位置移到 MRES 位置，"STOP"LED 间隔 1 s 闪烁。松开开关，使它回到 STOP 位置，"STOP"LED 灯常亮，最后将开关搬到"RUN"位置，"RUN"LED 灯间隔 0.5 s 闪烁，复位完成后，"RUN"LED 灯常亮。

存储器卡被取出或插入时，CPU 发出系统复位请求，"STOP"LED 会以 0.5 Hz 的频率闪亮。此时，应将模式选择开关搬到 MRES 位置，执行复位操作。

4）微存储器卡

Flash EPROM 微存储卡（MMC）用于在断电时保存用户程序和某些数据，它可以扩展 CPU 的存储器容量，也可以将有些 CPU 的操作系统保存在 MMC 中，这对于操作系统的升级是非常方便的。MMC 用作装载存储器或便携式保存媒体，MMC 的读写直接在 CPU 内部进行，不需要专用的编程器。由于 CPU 31xC 没有安装集成的装载存储器，因此，在使用 CPU 时必须插入 MMC。CPU 与 MMC 在购买时是分开订货的。

如果在写访问过程中拆下 SIMATIC 微存储卡，卡中的数据就会被破坏，在这种情况下，必须将 MMC 插入 CPU 中并删除它，或在 CPU 中格式化存储卡。注意：只有在断电状态或 CPU 处于"STOP"状态时，才能取出存储卡。

5）通信接口

所有的 CPU 模块都有一个多点接口 MPI，有的 CPU 模块有一个 MPI 和一个

PROFIBUS－DP接口，有的 CPU 模块有一个 MPI/DP 接口和一个 DP 接口。

　　MPI 接口用于 PLC 与其他西门子 PLC、PG/PC(编程器或个人计算机)、OP(操作员接口)通过 MPI 网络的通信。PROFIBUS－DP 的最高传输速率为 12 Mb/s，用于与其他西门子带 DP 接口的 PLC、PG/PC、OP 与其他 DP 主站和从站的通信。

　　6) 电池盒

　　电池盒是安装锂电池的盒子，在 PLC 断电时，锂电池不但可以用来保证硬件实时时钟的正常运行，还可以在 RAM 中保存用户程序和更多的数据，保存时间为 1 年。有的低端 CPU 因为没有硬件实时时钟，所以没有配备锂电池电池盒。

　　7) 电源接线端子

　　电源模块的 L1、N 端子接 220 V AC 电源，电源模块的接地端子和 M 端子一般用于短路片短接后接地。机架的导轨应接地。

　　电源模块上的 L＋和 N 端子分别是 24 V DC 输出电压的正极和负极，使用专用的电源连接器或导线连接电源模块和 CPU 模块的 L＋和 N 端子。

　　8) 实时时钟与运行时间计数器

　　CPU 312 IFM 与 CPU 313 因为没有锂电池，只有软件实时时钟，所以在 PLC 断电时将会停止计时，恢复供电后从供电瞬间的时刻开始计时。有后备锂电池的 CPU 有硬件实时时钟，可以在 PLC 电源断电时继续运行。运行小时计数器的计数范围为 0～32 767 h。

　　9) CPU 模块上的集成 I/O

　　某些 CPU 模块上有集成的数字量 I/O，有的还有集成的模拟量 I/O。CPU 31xC 模块和集成 I/O 如图 1－11 所示。

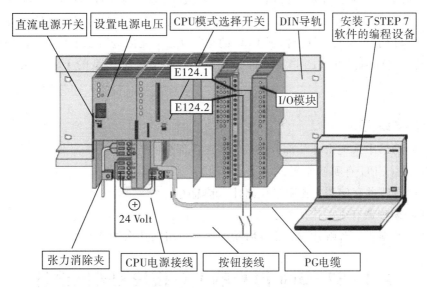

图 1－11　CPU 31xC 模块和集成 I/O

　　10) 接口模块(IM)

　　接口模块(IM)用于多机架配置时连接主机架(CR)和扩展机架(ER)。西门子 S7－300 PLC 通过分布式的主机架和连接的扩展机架(最多可连接 3 个扩展机架)，可以最多操作 32 个模块。

11）信号模块（SM）

信号模块（SM）是数字量 I/O 模块和模拟量 I/O 模块的总称。信号模块主要有数字量输入模块 SM321、数字量输出模块 SM322、模拟量输入模块 SM331 和模拟量输出模块 SM332 等。每个模块都带有一个总线连接器（背板），用于 CPU 和其他模块之间的数据通信。

12）功能模块（FM）

功能模块（FM）主要用于对实时性和存储量要求较高的控制任务。如计数模块 FM350、定位模块 FM353 等。

13）通信处理模块（CP）

通信处理模块（CP）用于 PLC 之间、PLC 与计算机和其他智能设备之间的通信，可以将 PLC 接入工业以太网、PROFIBUS 和 AS−I 网络，或用于串行通信。它可以减轻 CPU 处理通信的负担，并减少用户对通信功能的编程工作。

14）编程器

编程器是 PLC 最重要的外部设备。利用编程器可以编制用户程序、输入程序、检查程序、修改程序和监视 PLC 的工作状态。

编程器一般分为简易型编程器和智能型编程器两种。简易型编程器常使用在小型 PLC 上，只能联机编程，且往往需要将梯形图程序转为语句表程序才能送入 PLC 中。智能型编程器又称为图形编程器，可直接输入梯形图程序，它可以联机编程，也可以脱机编程，常用于大中型 PLC 的编程。

除此之外，在个人计算机上添加适当的硬件接口（如编程电缆）和配置编程软件包，也可以使用个人计算机对 PLC 编程，且可以向 PLC 输入各种类型的程序。这种方式既可以联机编程也可以脱机编程，且能监视 PLC 的运行状态，还能进行系统仿真，使用起来非常方便。目前，这种编程方式已非常流行和普遍，可用于各种类型的 PLC，尤其是笔记本电脑。

 思考与练习

1. PLC 的最小系统由哪几部分组成？简述各部分的作用。
2. PLC 的 CPU 有哪些作用？
3. PLC 有哪些存储器？各用来存储什么信息？
4. PLC 编程器有哪些作用？
5. PLC 的编程器有哪几种？各有何功能？各使用在什么场合？

1.2 S7-300 PLC 的 I/O 模块和外围设备

PLC 对外是通过各类 I/O 接口模块的外接线来完成对工业设备或生产过程的检测与控制的。为了适应各种各样输入/输出的过程信号需要，相应地有许多 I/O 接口模块。这里主要从应用的角度对 S7-300 PLC 常用的 I/O 接口模块的功能、类型、原理电路及其外接线等内容进行重点介绍，为正确选用各种 I/O 接口模块奠定基础。

1. 接口模块（IM）

接口模块用于 S7-300 PLC 的中央机架到扩展机架的连接，S7-300 PLC 有 3 种规格的接口模块，即 IM360、IM361 和 IM365。

1）IM365 接口模块

IM365 接口模块专用于 S7-300 PLC 的双机架系统扩展，它由两个 IM365 配对模块和 1 个 368 连接电缆组成，如图 1-12、1-13 所示。其中，1 块 IM365 为发送模块，必须插入 0 号机架（中央机架）的 3 号槽位；另一块 IM365 为接收模块，必须插入扩展机架（1 号机架）的 3 号槽位，且在扩展机架上最多只能安装 8 个信号模块，不能安装具有通信总线功能的功能模块，如通信模块 FM。IM365 发送模块和 IM365 接收模块通过 1 m 长的 368 连接电缆固定连接，总驱动电流为 1.2 A，其中每个机架最多可使用 0.8 A。

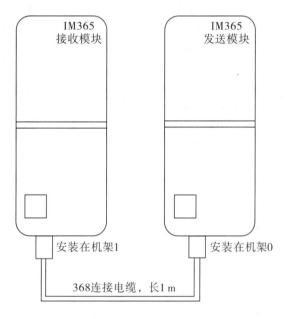

图 1-12　IM365 接口模块

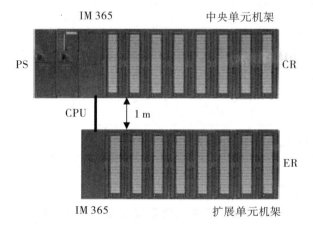

图 1-13　IM365 接口模块连接实物图

2）IM360、IM361 接口模块

IM360 接口模块和 IM361 接口模块必须配合使用，用于 S7 - 300 PLC 的多机架连接，其中 IM360 接口模块必须插入 0 号机架的 3 号槽位，用于发送数据；IM361 接口模块则应插入 1~3 号机架的 3 号槽位，用于接收来自 IM360 接口模块的数据。数据通过 368 连接电缆从 IM360 接口模块传送到 IM361 接口模块，或者从 IM361 接口模块传送到下一个 IM361 接口模块，前后两个接口模块的通信距离最长为 10 m。

2. 信号模块（SM）

S7 - 300 PLC 的信号模块（SM）有数字量 I/O 模块、模拟量 I/O 模块以及与连接爆炸等危险场合的 I/O 模块。

1）数字量 I/O 模块

（1）数字量输入模块 SM321。数字量输入模块（DI）将现场的数值信号电平转换成 PLC 内部信号电平，经过光隔离和滤波后，送到输入缓冲区等待 CPU 采样，采样后的信号状态经过背板总线进入输入映像区。根据输入信号的极性及其端子数，SM321 共有 14 种数字量输入模块，常用的 4 种输入模块技术特性如表 1-1 所示。

表 1-1 常用 SM321 数字量输入模块技术特性

技术特性	直流 16 点输入模块	直流 32 点输入模块	交流 8 点输入模块	交流 32 点输入模块
输入端子数	16	32	8	32
额定负载电压/V	DC 24	DC 24	—	—
负载电压范围/V	20.4~28.8	20.4~28.8	—	—
额定输入电压/V	DC 24	DC 24	AC 120	AC 120
输入电压为 1 的范围	13~30	13~30	79~132	79~132
输入电压为 0 的范围	−3~+5	−3~+5	0~20	0~20
输入电压频率/Hz	—	—	47~63	47~63
隔离（与背板总线）方式	光耦合器	光耦合器	光耦合器	光耦合器
输入电流为 1 的信号/mA	7	7.5	6	21
最大允许静态电流/mA	1.5	1.5	1	4
背板总线最大消耗电流/mA	25	25	16	29
功率损耗/W	3.5	4	4.1	4.0

模块的每个输入点有 1 个绿色发光二极管显示输入状态，输入开关闭合时有输入电压，二极管亮。

（2）数字量输出模块 SM322。数字量输出模块（DO）将 S7 - 300 PLC 内部信号电平转换成现场外部信号电平，可直接驱动电磁阀线圈、接触器线圈、微型电动机、指示灯等负载。根据负载回路使用电源的要求，数字量输出模块可分为直流输出模块（晶体管输出方式）、交流输出模块（晶闸管输出方式）和交、直流两用输出模块（继电器输出方式）等。SM322 模块有 7 种输出模块，其技术特性见表 1 - 2 所示。

表 1 - 2　SM322 数字量输出模块技术特性

技术特性	8 点晶体管	16 点晶体管	32 点晶体管	16 点晶闸管	32 点晶闸管	8 点继电器	16 点继电器
输出点数	8	16	32	16	32	8	16
额定电压/V	DC 24	DC 24	DC 24	AC 120	AC 120	AC 120	AC 230
与背板总线隔离方式	光耦合器	光耦合器	光耦合器	光耦合器	光耦合器	光耦合器	光耦合器
输出组数	4	8	8	8	8	2	8
最大输出电流/A	0.5	0.5	0.5	0.5	1	2	2
短路保护	电子保护	电子保护	电子保护	电子保护	熔断保护	熔断保护	熔断保护
最大消耗电流/mA	60	120	200	184	275	40	100
功率损耗/W	6.8	4.9	5	9	25	2.2	4.5

（3）数字量 I/O 模块 SM323。数字量 I/O 模块（DI/DO）在一块模块上同时具有数字量输入点和输出点。AM323 有两种模块，一种带有 8 个共地输入端和 8 个共地输出端，另一种带有 16 个共地输入端和 16 个共地输出端，两种模块的输入输出特性相同：I/O 额定负载电压 24 V DC、输入电压"1"时信号电平为 13～30 V、"0"时信号电平为 -3～+5 V、额定输入电压下输入延迟为 1.2～4.8 ms、与背板总线通过光耦合器隔离。其技术参数见表 1 - 3 所示。

表 1 - 3　SM323 数字量输入/输出模块的技术参数

模块型号、订货号	点数及分组	额定输入电压	1 信号电压范围/V	0 信号电压范围/V	1 信号输入电流/mA	额定负载电压	输出电流/A	输出器件	功率损耗/W
DI8/DO8×24VDC/0.5A 6AG1323 - 1BH01 - 2AA0	8DI, 1 组 8DO, 1 组	DC 24 V	13～30	-3～+5	7	DC 24 V	0.5	晶体管	6.5
DI16/DO16×24VDC/0.5A 6ES7 323 - 1BL00 - 0AA0	16DI, 2 组 16DO, 1 组	DC 24 V	13～30	-3～+5	7	DC 24 V	0.5	晶体管	3.5

2）模拟量 I/O 模块

（1）模拟量输入模块 SM331。模拟量输入模块（AI）可将控制过程中的模拟信号转换为 PLC 内部处理用的数字信号，SM331 目前有 8 种规格，常用模块规格有 AI8×16 位

（8 通道 16 位）、AI8×12 位、AI8×RTD 位、AI2×12 位等。其中，带有 RTD 的模块是只能连接电阻或热电阻输入，带有 TC 的模块是只能连接热电偶输入。所有模块内部均设有光电隔离电路，输入一般采用屏蔽电缆，最长为 100m 或 200m，各模块的主要技术参数如表 1-4 所示。

表 1-4　SM313 模拟量输入模块的技术参数

模块型号、订货号	通道数及分组	精度	测量方法	测量范围	极限值监控	输入模块之间的允许电位差（ECM）
AI8×16B 6SE7331-7NF00-0AB0	8AI 4 组	可调整 15B＋符号	电流 电压	任意	2 通道 可调整	50 V DC
AI8×16B 6SE7331-7NF10-0AB0	8AI 4 组	可调整 15B＋符号	电流 电压	任意	8 通道 可调整	60 V DC
AI8×14B 6SE7331-7HF00-0AB0	8AI 4 组	可调整 13B＋符号	电流 电压	任意	2 通道 可调整	11 V DC
AI8×13B 6SE7331-1KF00-0AB0	8AI 8 组	可调整 12B＋符号	电流 电压 电阻 温度	任意	×	2.0 V DC
AI8×12B 6SE7331-7KF02-0AB0	8AI 4 组	可调整 9B＋符号 12B＋符号 14B＋符号	电流 电压 电阻 温度	任意	2 通道 可调整	2.5 V DC
AI8×RTD 6SE7331-7PF00-0AB0	8AI 4 组	可调整 15B＋符号	电阻 温度	任意	8 通道 可调整	75 V DC 60 V AC
AI8×TC 6SE7331-7PF10-0AB0	8AI 4 组	可调整 15B＋符号	温度	任意	8 通道 可调整	75 V DC 60 V AC
AI2×12B 6SE7331-7KBx2-0AB0	2AI 1 组	可调整 9B＋符号 12B＋符号 14B＋符号	电流 电压 电阻 温度	任意	1 通道 可调整	2.5 V DC

注："×"表示不具有此功能。

（2）模拟量输出模块 SM332。SM332 模块用于将 S7-300 PLC 的数字信号转换成系统所需的模拟量信号，控制模拟量调节器或执行机构。SM332 模块目前有 4 种规格，所有模块内部均设有光隔离电路，各模块的主要技术参数如表 1-5 所示。

表 1 - 5 SM332 模拟量输出模块的技术参数

模块型号、订货号	通道数及分组	精度/B	输出方式	替代值输出	负载阻抗			
					电压输出/kΩ	电流输出/kΩ	容性输出/μF	感性输出/mH
AO8×12B 6SE7332 - 5HF00 - 0AB0	8AO 8 组	12	按通道输出电压、电流	可调整	1	0.5	1	1
AO4×16B 6SE7332 - 7ND01 - 0AB0	4AO 4 组	16	按通道输出电压、电流	不可调整	1	0.5	1	1
AO4×12B 6SE7332 - 5HD01 - 0AB0	4AO 4 组	12	按通道输出电压、电流	可调整	1	0.5	1	1
AO2×12B 6SE7332 - 5HB01 - 0AB0	2AO 2 组	12	按通道输出电压、电流	可调整	1	0.5	1	1

（3）模拟量 I/O 模块。模拟量 I/O 模块有 SM334 和 SM335 两个子系列，SM334 系列模块为通用模拟量 I/O 模块，SM335 系列模块为高速模拟量 I/O 模块，并兼具一些特殊功能。SM334 和 SM335 模块的主要技术参数如表 1-6 所示。

表 1 - 6 SM334 和 SM335 模拟量 I/O 模块的技术参数

模块型号、订货号	输入通道及分组	输出通道及分组	精度	测量方法	输出方法	测量范围	输出范围
AI4/AO2×8/8B 6SE7 334 - 0CE01 - 0AA0	4 输入 1 组	2 输出 1 组	8B	电压电流	电压电流	0～10 V 0～20 mA	0～10 V 0～20 mA
AI4/AO2×12B 6SE7 334 - 0KE00 - 0AB0	4 输入 2 组	2 输出 1 组	12B＋符号	电压电阻温度	电压	0～10 V 10 kΩ Pt100	0～10 V
AI4/AO4×14B/12B 6SE7 335 - 7HG01 - 0AB0	4 输入	4 输出	输入 14B 输出 12B	具有 1 路脉冲输入和编码器电源			
AI4/AO4×14B/12B 6SE7 335 - 7HG00 - 0AB0	4 输入	4 输出	输入 14B 输出 12B	带有噪声滤波器			

3. 通信模块（CP）

CP340 用于建立点对点低速连接，最大传输速率为 19.2 kb/s。它有 3 种通信接口，即 RS232、RS422、RS485，可通过 ASCII、3964（R）通信协议及打印机驱动软件，实现 S7 - 300 系列 PLC 与其他厂商的控制系统、机器人控制器、条形码阅读器、扫描仪等设备的通信连接。

CP341 用于建立点对点高速连接，最大传输速率为 76.8 kb/s。

CP342 - 2 和 CP343 - 2 用于实现 S7 - 300 PLC 到 AS - I 接口总线的连接，最多可连接 31 个 AS - I 从站。它具有监测 AS - I 电缆电源电压和许多状态诊断的功能。

CP342 - 5 用于实现 S7 - 300 PLC 到 PROFIBUS - DP 现场总线的连接,分担 CPU 的通信任务,为用户提供各种 PROFIBUS 总线系统服务,可以通过 PROFIBUS - DP 现场总线进行远程组态和远程编程。

CP343 - 1 用于实现 S7 - 300 PLC 到工业以太网总线的连接,它自身具有处理器,在工业互联网上可以独立处理器数据通信,并允许进一步连接,以便完成与编程器、个人计算机、人机界面装置和其他 PLC 之间的数据通信。

CP343 - 1TCP 使用标准的 TCP/IP 通信协议,实现 S7 - 300 PLC(只限服务器)到工业互联网的连接。

CP343 - 5 用于实现 S7 - 300 PLC 到 PROFIBUS - DP 现场总线的连接,分担 CPU 的通信任务,为用户提供各种 PROFIBUS 总线系统服务,通过 PROFIBUS - FMS 对系统进行远程组态和远程编程。

4. 分布式 I/O 接口

西门子公司的 ET200 是基于 PROFIBUS - DP 现场总线的分布式 I/O 接口。PROFIBUS 是为全集成自动化定制的开放的现场总线系统,它将现场设备连接到控制装置,并保证在各个部件之间的高速通信,从 I/O 接口传送信号到 PLC 的 CPU 模块只需毫秒级的时间。ET200 可作为 PROFIBUS - DP 网络系统的从站,由于 ET200 只需要很小的空间,所以可以使用体积较小的控制柜。集成的连接器代替了过去繁杂的电缆连接,加快了安装过程,紧凑的结构使成本大幅度降低。

ET200 能在非常严酷的环境(如酷热、严寒、强压、潮湿或多粉尘)中使用,能提供连接光纤 PROFIBUS 网络的接口,不需要采用价格昂贵的抗电磁干扰措施。

在启动 ET200 前,可以通过 BT200 总线测试单元来检查部件的状态;在运行时监视和诊断工具可以提供不同部件的状态信息,快速和高效地确定在运行过程中发生的故障。PLC 可以通过 PROFIBUS 通信网络从 I/O 设备调用诊断信息,并可以接收到易于理解的报文;STEP 7 软件包可以自动地监测系统故障,并采用必要的相应的措施。

1) ET200 集成的功能

分布式 I/O ET 200 集成了以下功能。

(1)电动机启动器。集成的电动机启动器用于异步电动机的单向或可逆启动,可以直接控制 7.5 kW 以下的电动机,一个站可以带 6 个电动机启动器。通过 PROFIBUS 现场总线网络可以调用开关状态并诊断信息,运行时能更换电动机启动器。

(2)变频器和阀门控制。ET200X 可以方便地安装在阀门上,直接由 PROFIBUS 总线控制,并由 STEP 7 软件包组态来实现阀门控制。ET200X 用于电气传动的模块可提供变频器的所有功能。

(3)智能传感器。光电式编码器或光电开关等可以使用智能传感器(IQ Sensor)的 ET200S 进行通信。可以直接在控制器上进行所有的设置,然后将数值传送到传感器。当传感器出现故障时,系统诊断功能会自动发出报警信号。

(4)分布式智能。ET200S 的 IM 151/CPU 类似于大型 S7 控制器的功能,可以用 STEP 7 对其进行编程。它用于传送 I/O 子任务,能对时间要求很高的信号快速做出响应,因而可以减轻中间控制器的负担并简化对其他设备的管理。

(5)安全技术。ET200M 可以在子冗余设计的容错控制系统或安全自动化系统中使用。集成的安全技术能显著地降低接线费用。安全技术包括紧急断开开关技术,安全门的监控技术以及众多与安全有关的电路技术。通过 ET200S 故障防止模块、故障防止 CPU和 PROFI Safe 协议,与故障有关的信号也能同标准信号的标准功能一样在 PROFIBUS 网络上进行传送。

(6) 功能模块。ET200M 和 ET200S 还能以模块化的方法扩展其功能,可扩展的附加模块,如计数器、定位模块等。

2) ET200 集成的分类

ET200 可分为以下几个子系列。

(1) ET200B。ET200B 是整体式的一体化分布式 I/O,它有交流或直流的数字量 I/O模块和模拟量 I/O 模块,具有模块诊断功能。

(2) ET200eco。ET200eco 是经济实用的分布式 I/O,其数字量 I/O 具有很高的保护等级(IP67),在运行时更换模块不会中断总线通信或供电。

(3) ET200is。ET200is 是本质安全系统,通过紧固和本质安全的设计,使系统适用于有爆炸危险的场合,以便在运行时及时更换各种模块。

(4) ET200L。ET200L 是经济而小巧的分布式 I/O,I/O 模块如明信片大小,适用于小规模的任务,可方便地安装在 DIN 导轨上。ET200L 分为以下 3 种:

① ET200L:整体式单元,不可扩展,只有数字量 I/O 模块。

② ET200L - SC:整体式单元,通过灵活连接系统最多可扩展 8 个数字量模块或模拟量模块。

③ ET200L - SC、IM - SC:完全模块化的灵活连接系统,最多可以扩展 16 个模块。

(5) ET200M。ET200M 是多通道模块化的分布式 I/O,可采用 S7 - 300 PLC 的全系列模块,最多可扩展 8 个模块,可以连接 256 个 I/O 通道,适用于大点数、高性能的应用。它有支持 HART 协议(Highway Addressable Remote Transducer,可寻址远程传感器高速通道的开放通信协议)的模块,可以将 HART 仪表接入现场总线。它具有集成的模块诊断功能,在运行时可以更换有源模块。提供与 S7 - 400H 系统相连的冗余接口模块和 IM153 - 2 集成光纤接口。其中,户外型 ET200M 是为野外应用设计,工作温度范围可达 $-25 \sim +60 ℃$。

(6) ET200R。ET200R 适用于机器人控制,有坚固的金属外壳和高的保护等级(IP65),可抗冲击、防尘和不透水,适用于恶劣的工业环境,可以用于没有控制柜的 I/O系统。由于 ET200R 中集成有转发器功能,因而可以减少机器人硬件部件的数量。

(7) ET200S。ET200S 是分布式 I/O 系统,特别需要用于电动机启动器和安全装置的开关柜,1 个站最多可连接 64 个子模块,子模块种类丰富,有带通信功能的电动机启动器,还有集成的安全防护系统(适用于机床及重型机械行业)和智能传感器等,还集成有光纤接口。

(8) ET 200X。ET 200X 是具有高保护等级(IP65/67)的分布式 I/O 设备,其功能相当于 S7 - 300 PLC 的 CPU314 最多 7 个具有多种功能的模块连接在一块基板上,可以连接电动机启动器、气动元件以及变频器,有启动模块和启动接口。ET200X 实现了机动、电动、气动一体化,它可以直接安装在机器上,节省了开关柜。它封装在一个坚固的玻璃纤维的塑料外壳中,可以用于有粉末和水流喷溅的场合。

5. 硬件配置

1) 硬件配置的涵义

硬件配置即 PLC 的硬件组态，其任务是根据控制对象的不同，选用不同型号、不同数量的模块安装在一个或多个机架上，组装所需的 PLC 系统。PLC 的硬件组态又分单机架组态和多机架组态两种。

2) 硬件配置的原则：

硬件配置原则主要指如何选择机架，以及模块在机架中如何配放，其主要原则如下。

(1) 机架选择的原则：

① CPU312、CPU312C、CPU312FM 和 CPU313 等 CPU 模块扩展能力最小，只能使用 1 个机架，机架上除了电源模块(PS)、CPU 模块和接口模块(IM)外，最多只能再安装 8 块其他模块(如信号模块 SM、功能模块 FM 和通信模块 CP)。

② 采用 CPU314 及以上 CPU 模块可以扩展 3 个机架(即 1 个主机架加上 3 个扩展机架共 4 个机架，即 S7 - 300 PLC 最多使用 4 个机架)。在扩展机架上，除电源模块(PS)和接口模块(IM)外，最多只能装 8 块其他模块。

③ 在配置多个机架时，需要安装接口模块 IM(1 个机架不需要安装接口模块)。其中，主机架使用 IM360 接口模块，装在 3 号槽位上；扩展机架使用 IM361 接口模块，两个接口模块之间连接电源最长为 10 m。

④ 如果只扩展 1 个机架，则连接电缆相互固定连接，可选用较经济的 IM365 接口模块对。这一对接口模块由 1 m 长的连接电缆相互固定连接。IM365 不能提供背板总线的直流 5 V 电源，只能使用主机架 CPU 模块上的。因此，2 个机架背板总线电流之和应限制在 1.2 A 之内。另外，IM365 不能给扩展机架提供通信总线，故此种情况下在扩展机架上只能安装信号模块 SM，不能安装功能模块 FM、通信模块 CP 等功能模块。

⑤ 每个机架上所能安装的信号模块 SM、功能模块 FM 和通信模块 CP 的总数不能超过 8 块，并且还受到背板总线 5 V 电源的供电系统的限制(电流范围 0.8～1.2 A)，即每个机架上各模块消耗的电流之和应小于该机架允许提供的最大电流。各模块之间连接的具体操作如下：

a. 主机架背板总线上的直流 5 V 电源由 CPU 模块提供。CPU313 及以上 CPU 模块所提供的背板总线电流不超过 1.2 A，唯有 CPU312IFM 模块所提供的背板总线电流不超过 0.8 A。

b. 扩展机架上背板总线的直流 5 V 电源由接口模块 IM361 提供(从电源模块的直流 24 V 转换而来)，供电电流不超过 0.8 A。

CPU 模块所提供的背板总线电流以及各类模块消耗的电流如表 1 - 7、表 1 - 8 所示。

(2) 模块配放的原则：

① 模块必须无间隙地插入到机架中，否则背板总线将被中断。

② 在 0 号机架中，CPU 模块装在主机架(即 0 号机架)的 2 号槽位上，电源模块 PS 装在主机架的 1 号槽位上，接口模块 IM 安装在 3 号槽位上(不管哪几种机架，接口模块 IM 均安装在 3 号槽位上)，4～11 号槽位可自由分配信号模块 SM、功能模块 FM 和通信模块 CP。

表 1 - 7　S7 - 300 PLC CPU 所提供的背板总线电流及功耗

模块类型		订货号	从 L+/L -吸取的电流/mA	所提供的背板总线电流/mA	功耗/W
CPU 模块	CPU 312 IFM	6ES7 312 - 5AC00 - 0AB0	800+500	800	9
	CPU 312	6ES7 312 - 1AD10 - 0AB0	600	1200	2.5
	CPU 312 C	6ES7 312 - 5BD01 - 0AB0	500	1200	6
	CPU 313	6ES7 313 - 1AD00 - 0AB0	1000	1200	8
	CPU 313 C	6ES7 313 - 5BE00 - 0AB0	700	1200	14
	CPU 313 C - 2PtP	6ES7 313 - 6BE01 - 0AB0	900	1200	10
	CPU 313 C - 2DP	6ES7 313 - 6CE01 - 0AB0	900	1200	10
	CPU 314 IFM	6ES7 314 - 5AE00 - 0AB0	1000	1200	16
	CPU 314	6ES7 314 - 1AE10 - 0AB0	1000	1200	8
	CPU 314 C - 2PtP	6ES7 314 - 6BF01 - 0AB0	800	1200	14
	CPU 314 C - 2DP	6ES7 314 - 6CF01 - 0AB0	1000	1200	14
	CPU 315	6ES7 315 - 1AF00 - 0AB0	1000	1200	8
	CPU 315 - 2DP	6ES7 315 - 2AF00 - 0AB0	1000	1200	8
	CPU 316	6ES7 316 - 1AG00 - 0AB0	—	1200	8
	CPU 316 - 2DP	6ES7 316 - 2AG00 - 0AB0	1000	1200	8
	CPU 317 - 2DP	6ES7 317 - 2AJ10 - 0AB0	—	1200	4
	CPU 317 - 2PN/DP	6ES7 317 - 2EJ10 - 0AB0	—	1200	3.5
	CPU 317T - 2DP	6ES7 317 - 6TJ10 - 0AB0	100	1200	6
	CPU 318 - 2	6ES7 318 - 2AJ00 - 0AB0	1200	1200	12

表 1 - 8　S7 - 300 PLC 系统模块所需背板总线电流及功耗

模块类型		订货号	从 L+/L -吸取的电流/mA	所需背板执行电流/mA	功耗/W
电源模块	PS 305，2A	6ES7 - 305 - 1BA80 - 0AA0	—	—	16
	PS 307，2A	6ES7 - 307 - 1BA00 - 0AA0	—	—	10
	PS 307，5A	6ES7 - 307 - 1EA80 - 0AA0	—	—	18
	PS 307，10A	6ES7 - 307 - 1KA00 - 0AA0	—	—	30
接口模块	IM360（中央机构）	6ES7 - 360 - 3AA01 - 0AA0	—	350	2
	IM361（扩展机构）	6ES7 - 361 - 3CA01 - 0AA0	500	800	5
	IM365（中央机构）	6ES7 - 365 - 0BA01 - 0AA0	800	100	0.5
	IM365（扩展机构）	6ES7 - 365 - 0BA01 - 0AA0	800	100	0.5

模块类型		订货号	从 L+/L -吸取的电流/mA	所需背板执行电流/mA	功耗/W
数字量输入模块	SM321 DI 8 × 120/230 VAC ISOL	6ES7 - 321 - 1FF10 - 0AA0	—	100	4.9
	SM321 DI 8 × 120/230 V AC	6ES7 - 321 - 1FF01 - 0AA0	—	29	4.9
	SM321 DI 16×24 V DC	6ES7 - 321 - 1BH02 - 0AA0	25	25	3.5
	SM321 DI 16×24 V DC	6ES7 - 321 - 7BH00 - 0AB0	40	55	3.5
	SM321 DI 16×24 V DC 高速模块	6ES7 - 321 - 1BH00 - 0AA0	—	110	3.8
	SM321 DI 16×24 V DC 带硬件和诊断及时钟功能	6ES7 - 321 - 7BH01 - 0AB0	90	130	4
	SM321 DI 16×24 V DC 电源输入	6ES7 - 321 - 1BH50 - 0AA0	—	10	3.5
	SM321 DI 16×24/48 V DC	6ES7 - 321 - 1CH00 - 0AA0	—	100	1.5/2.8
	SM321 DI 16×48 - 125 V DC	6ES7 - 321 - 1CH20 - 0AA0	—	40	4.3
	SM321 DI 16×120/230 V AC	6ES7 - 321 - 1FH00 - 0AA0	—	29	4.9
	SM321 DI 16×120 V AC	6ES7 - 321 - 1EH01 - 0AA0	—	16	—
	SM321 DI 32×24 V DC	6ES7 - 321 - 1BL00 - 0AA0	—	15	6.5
	SM321 DI 32×120 V AC	6ES7 - 321 - 1EL00 - 0AA0	—	16	4
数字量输出模块	SM322 DO 8×24 V DC/2 A	6ES7 - 322 - 1BF01 - 0AA0	60	40	6.8
	SM322 DO 8 × 24 V DC/0.5 A 带诊断中断	6ES7 - 322 - 8BF00 - 0AB0	90	70	5
	SM322 DO 8×48 - 125 V DC/1.5 A	6ES7 - 322 - 1CF00 - 0AA0	40	100	7.2
	SM322 DO 8×120/230 V AC/2 A 晶闸管	6ES7 - 322 - 1FF01 - 0AA0	2	100	8.6
	SM322 DO 8×120/230 V AC/2 A ISOL	6ES7 - 322 - 5FF00 - 0AA0	2	100	8.6
	SM322 DO 8×230 V AC 继电器	6ES7 - 322 - 1HF01 - 0AA0	160	40	3.2
	SM322 DO 8×230 V AC/5 A 继电器	6ES7 - 322 - 5FH00 - 0AA0	160	100	3.5

模块类型		订 货 号	从 L+/L- 吸取的电流/mA	所需背板执行电流/mA	功耗/W
数字量输出模块	SM322 DO 8×230 V AC/5 A 继电器	6ES7 - 322 - 1HF10 - 0AA0	125	40	4.2
	SM322 DO 16×120/230 VAC/1 A 晶闸管	6ES7 - 322 - 1FF00 - 0AA0	2	200	8.6
	SM322 DO 16×24/48 V DC/0.5	6ES7 - 322 - 5GH00 - 0AA0	200	100	8.8
	SM322 DO 16×24 V DC/0.5 A 高速模块	6ES7 - 322 - 1BH10 - 0AA0	110	70	5
	SM322 DO 16×24 V DC/0.5 A	6ES7 - 322 - 1BH01 - 0AA0	120	80	4.9
	SM322 DO 16×120/230 V AC 继电器	6ES7 - 322 - 1HH01 - 0AA0	250	100	4.5
	SM322 DO 32×24 V DC/0.5 A	6ES7 - 322 - 1BL00 - 0AA0	160	110	6.6
	SM322 DO 32×24 V AC/1 A 晶闸管	6ES7 - 322 - 1FL00 - 0AA0	10	190	25
数字量 I/O 模块	SM323 DI 8/DO 8×24 V DC/0.5 A	6ES7 - 323 - 1BH01 - 0AA0	40	40	3.5
	SM323 DI 16/DO 16×24 V DC/0.5 A	6ES7 - 323 - 1BL00 - 0AA0	80	80	6.5
	SM323 DI 8/DO 8×24 V DC/0.5 A	6ES7 - 323 - 1BH00 - 0AB0	20	60	3
模拟量输入模块	SM331 AI 8×RTD	6ES7 - 331 - 7PF00 - 0AB0	240	100	4.6
	SM331 AI 8×TC	6ES7 - 331 - 7PF10 - 0AB0	240	100	3
	SM331 AI 2×12b	6ES7 - 331 - 7KB02 - 0AB0	30	50	1.3
	SM331 AI 8×12b	6ES7 - 331 - 7KF02 - 0AB0	30	50	1
	SM331 AI 8×13b	6ES7 - 331 - 1KF02 - 0AB0	—	90	0.4
	SM331 AI 8×14b 高速,带时钟功能	6ES7 - 331 - 7HF00 - 0AB0	50	100	1.5
	SM331 AI 8×16b	6ES7 - 331 - 7NF10 - 0AB0	200	100	3
	SM331 AI 8×16b	6ES7 - 331 - 7NF00 - 0AB0	—	130	0.6
模拟量输出模块	SM332 AO 2×12b	6ES7 - 332 - 5HB01 - 0AB0	135	60	3
	SM332 AO 4×12b	6ES7 - 332 - 5HD01 - 0AB0	240	60	3
	SM332 AO 8×12b	6ES7 - 332 - 5HF00 - 0AB0	340	100	6
	SM332 AO 4×16b 带时钟功能	6ES7 - 332 - 7ND01 - 0AB0	240	100	3

	模块类型	订货号	从 L+/L-吸取的电流/mA	所需背板执行电流/mA	功耗/W
模拟量 I/O 模块	SM334 AI 4/AO 2×8/8B	6ES7－334－0CE01－0AB0	110	55	3
	SM334 AI 4/AO 2×12B	6ES7－334－0KE00－0AB0	80	60	2
	SM334 AI 4/AO 4×12B	6ES7－335－7HG01－0AB0	150	75	—
通信模块	CP 340，RS232C	6ES7 340－1AH01－0AE0	—	160	
	CP 340，20 mA	6ES7 340－1BH00－0AE0	—	220	
	CP 340，RS422/485	6ES7 340－1CH00－0AE0	—	165	
	CP 341，RS232C	6ES7 341－1AH01－0AE0	200	70	
	CP 341，20 mA	6ES7 341－1BH01－0AE0	200	70	
	CP 341，RS422/485	6ES7 341－1CH01－0AE0	240	70	
	CP 342－5	6CK7342－5DA02－0XE0	250	70	
	CP 343－1	6CK7343－1EX10－0XE0	600	70	
	CP 343－1 IT	6CK7343－1CX00－0XE0	600	70	
	CP 343－2	6ES7340－2AH00－0XA0	—	200	
	CP 343－5	6CK7343－5FA00－0XE0	250	70	

③ 在 1～3 号的扩展机架中，1、2、3 号槽位是固定的，即插槽 1 插电源模块或为空、插槽 2 为空、插槽 3 插接口模块。若只有 1 个主机架，3 号槽位即使不装 IM 接口模块，也不能装其他模块，可安装占位模块补空位并连接背板总线，也方便以后扩展。4～11 号槽位可自由分配通信模块 SM、功能模块 FM 和通信模块 CP，它们中间有不用的槽位可用占位模板补空位并连接背板总线，此槽位地址空缺，不能作模块地址使用，但可作为中间继电器使用。

图 1－14 和图 1－15 分别是根据上述原则进行硬件组态的单机架结构和多机架结构的示意图。

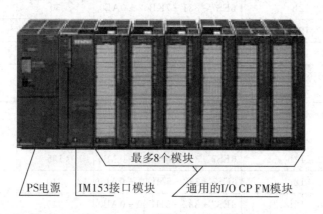

图 1－14　S7－300 PLC 硬件组态单机架结构示意图

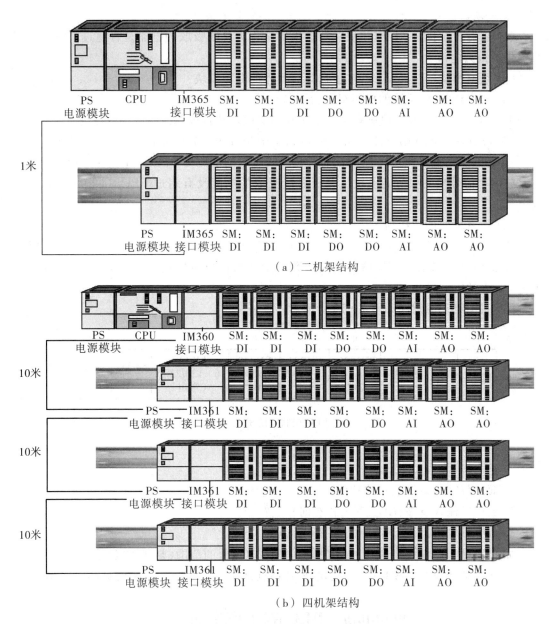

（a）二机架结构

（b）四机架结构

图 1-15　S7-300 PLC 硬件组态多机架结构示意图

　　一个实际的 S7-300 PLC 系统，在所有的模块确定后，要选择合适的电源模块。所选定电源模块的输出功率必须大于 CPU 模块、所有 I/O 模块、各种智能模块等消耗功率之和。并且要留有 30% 左右的裕量。当同一电源模块既要为主机单元供电又要为扩展单元供电时，从主机单元到最远一个扩展单元的线路压降必须小于 0.25 V。

　　例：一个 S7-300 PLC 控制系统组成有：CPU314 模块一块，数字量输入模块 SM321 DI 16×24 V DC 两块，数字量输出模块 SM322 DO 16×24 V DC/0.5 A 一块，数字量输出模块 SM322 DO 16×120/230 V AC 继电器一块，模拟量输入模块 SM331 AI 2×12b 一块，模拟量输出模块 SM332 AO 2×12b 一块，高速计数器模块 FM350-1 一块，占位模块

DM370 一块。

（1）所有占位模块、信号模块和功能模块从背板总线吸取的电流是否超过 CPU314 模块提供的最大电流？

（2）所有模块的功耗是多少？应选什么型号的电源模块？

（3）画出该 PLC 系统的机架组态图。

解：（1）查表 1-8 可得所有信号模块和功能模块从背板总线吸取的电流为

$$25×2 \text{ mA} + 80 \text{ mA} + 100 \text{ mA} + 50 \text{ mA} + 60 \text{ mA} + 160 \text{ mA} + 5 \text{ mA} = 505 \text{ mA}$$

查表 1-7 可得 CPU314 所提供的背板总线吸取的电流为 1200 mA＞505 mA。

故所有信号模块和功能模块从背板总线吸取的电流没有超过 CPU314 模块提供的最大电流。

（2）所有模块的功耗为

$$8 \text{ W} + 2×3.5 \text{ W} + 4.9 \text{ W} + 4.5 \text{ W} + 1.3 \text{ W} + 3 \text{ W} + 4.5 \text{ W} + 0.03 \text{ W} = 33.23 \text{ W}$$

查表 1-8 并考虑数字量输入模块和数字量输出模块也使用直流 24 V 电源，应选用 PS307 5 A 的电源模块。

（3）机架组态示意图如图 1-16 所示。

槽位号	1	2	3	4	5	6	7	8	9	10
机架0	PS307 5A	CPU 314	DM370	SM321 16×24 V DC	SM321 16×24 V DC	SM322 16×24 V DC	SM322 16×120/230 V AC继电器	SM331 2AI	SM332 2AO	FM350-1

图 1-16 PLC 控制系统机架组态示意图

思考与练习

1. 简述数字量 I/O 模块的功能。

2. 数字量输入模块有哪几种？各有何特点？

3. 数字量输出模块有哪几种？各有何特点？

4. 模拟量 I/O 模块有哪几种？其模拟电压、电流值的范围（典型值）各是什么？

5. 什么是特殊 I/O 模块（智能模块）？其特点是什么？列举 3～5 种常见的智能模块。

1.3　PLC 的工作原理

PLC 是一种特殊的工业控制计算机，但其工作方式与普通微机有较大不同。普通微机一般采用等待命令的工作方式，如键盘扫描方式和 I/O 扫描方式，当有键按下或有 I/O 动作时则转入相应子程序中去处理，也有的是查询某一变量并据此决定下一步的操作。但 PLC 要查看的变量（输入信号）太多，采用这种等待查询的方式已不能满足要求，因此 PLC 采用了"循环扫描"的工作方式，即在每一次循环扫描中采样所有的输入信号，随后转入程序执行，最后将程序结果输出（即信号输出）去控制现场的设备。总之，PLC 是靠 CPU 循环扫描的机制来执行工作的，下面以德国西门子生产的 PLC 产品 S7 - 300 为例介绍 PLC 的工作原理。

1. PLC 的系统工作过程

PLC 的系统工作过程是采用"循环扫描"的工作方式。PLC 在运行时，其内部要进行一系列操作，大致包括 6 个方面的内容，其执行顺序和过程如图 1-17 所示。

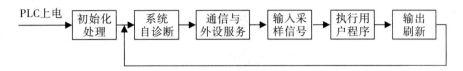

图 1-17　PLC 工作过程图

1）初始化处理

PLC 上电后，首先进行初始化，其中检查自身完好性是起始操作的主要工作。初始化的内容是：

（1）对 I/O 单元和内部继电器清零，所有定时器复位（含 T0），以消除各元件状态的随机性。

（2）检查 I/O 单元连接是否正确。

（3）检查自身完好性：即启动监控定时器（Watch Dog Timer（WDT），俗称看门狗）T0，利用检查程序（即一个涉及各种指令和内存单元的专用检查程序）进行检查。

执行检查程序所用的时间是一定的，用 T0 监测执行检查程序所用的时间。如果所用的时间不超过 T0 的设定值，即不超时，则可证实自身完好；如果超时，则可利用 T0 的触点使系统关闭。若自身完好，则监控定时器 T0 复位，允许进入循环扫描工作。由此可见，T0 的作用是监测执行检查程序所用的时间，当所用的时间超时时，又可用来控制系统的关闭，故 T0 称为监控定时器。

2）系统自诊断

在每次扫描前，须再进行一次自诊断，检查系统的完好性，即检查硬件（如 CPU、系统程序存储器、I/O 口、通信口、后备锂电池电压等）和用户程序存储器等，以确保系统的可靠运行。若发现故障，则可将有关错误标志位置位，再判断故障性质。若是一般性故障，则只报警而不停机，等待处理；若是严重故障，则需停止运行用户程序，PLC 会切断一切输出联系。

3）通信与外设服务（含中断服务）

通信与外设服务指的是与编程器、其他设备（如终端设备、彩色图形显示器、打印机等）进行信息交换、与网络进行通信以及设备中断（用通信口）服务等。如果没有外设请求，则系统会自动向下进行循环扫描。

4）输入采样信号

输入采样信号是指 PLC 在程序执行前，首先要扫描各输入模块，将所有外部输入信号的状态读入（存入）到输入映像存储器 I 中。

5）执行用户程序

在执行用户程序前，先复位监控定时器 T0，当 CPU 对用户程序扫描时，T0 开始计时，在无中断或跳转指令的情况下，CPU 从程序的首选地址开始，按自左向右、自上而下的顺序，对每条指令逐句进行扫描，扫描一条，执行一条，并把执行结果立即存入输出映像存储器 Q 中。

当程序执行过程正常时，执行完用户程序所用的时间不会超过 T0 的设定值，接着 T0 复位，刷新输出；当程序执行过程中存在某种干扰，致使扫描失控或进入死循环时，执行用户程序将会超时，T0 触点会接通报警电路，并发出超时警报信号并重新扫描和使用程序（即程序复执）；如果是偶然因素或者瞬时干扰而造成的超时，则会重新扫描用户程序，上述"偶然干扰"即会消失，程序执行会恢复正常；如果是不可恢复的确定性故障，则 T0 的触点将会使系统自动停止执行用户程序，切断外部负载电路，发出故障信号，等待处理。

综上所述，T0 的作用是监测执行用户所用的时间，当所用的时间超时时，又可用来控制报警和系统的关闭。另外还可以看出，程序复执也是一种有效的抗干扰措施。

6）输出刷新

输出刷新是指 CPU 在执行完所有的用户程序后（或下次扫描用户程序前）将输出映像存储器 Q 的内容传送到输出锁存器中，再由输出锁存器送到输出端子上。刷新后的状态要保持到下次刷新。

2. 用户程序的循环扫描过程

用户程序的循环扫描过程（即 PLC 周期扫描机制）是 CPU 用周而复始的循环扫描方式去执行系统程序所规定的操作。

PLC 的系统工作过程与 CPU 的工作方式有关。CPU 有两种工作方式，即 STOP 方式和 RUN 方式。其主要差别是：在 RUN 方式下，CPU 执行用户程序；在 STOP 方式下，CPU 不执行用户程序。

下面对 CPU 在 RUN 方式下执行用户程序的过程作详尽的讨论，以便对 PLC 循环扫描的机制有更深入的了解，这也是理解 PLC 工作原理的关键所在。

1）扫描的含义

CPU 执行用户程序和其他的计算机系统一样，也是采用分时原理，即一个时刻执行一个操作，并一个操作一个操作的顺序进行，这种分时操作过程称为 CPU 对程序扫描。若是周而复始反复扫描则称为循环扫描。显然，只有被扫描到的程序（或指令）或元件（线圈或触点）才会被执行或动作。

扫描是一个形象性术语，用来描述 CPU 如何完成赋予它的各种任务，也就是说用户程序是由若干个指令组成的，指令在存储器内是按顺序排列的，则 CPU 从第一条指令开始顺序地逐条执行，执行完最后一条指令又返回到第一条指令，开始新的一轮扫描，并且不断循环。故可以说 PLC 是采用循环扫描的工作方式进行工作的。

由上述内容可见，PLC 与继电器控制系统对信息的处理方式是不同的。它们的区别如下：

继电器控制系统：对信息的处理采用"并行"处理方式，只要电流形成通路，就可能有几个电器同时动作。

PLC 控制系统：对信息的处理采用扫描方式，它是顺序地、连续地、循环地逐条执行程序，在任何时候它都只能执行一条指令（即正被扫描到的指令），即以"串行"处理方式工作。

显然，这种"串行"处理方式可有效避免继电器控制系统中"触点竞争"和"时序失配"的问题，但会使 I/O 响应慢（即输入 I 延时，输出 O 滞后），影响 PLC 的控制速度，故 PLC 一般都设有 1～2 个高速输入、输出点。

2）扫描周期

扫描周期是指在正常循环扫描时，从扫描过程中的一点开始，经过顺序扫描又回到该点所需的时间。例如，CPU 从扫描第一条指令开始到扫描最后一条指令后又返回到第一条指令所用的时间就是一个扫描周期。

PLC 运行正常时，扫描周期的长短与下列因素有关：

（1）CPU 的运算速度。

（2）I/O 点的数量。

（3）外设服务的内容与时间（如编程器是否接上、通信服务及其占用时间等）。

（4）用户程序的长短。

（5）编程质量（如功能程序长短，使用的指令类别以及编程技巧等）。

3）循环扫描过程

根据 PLC 的工作方式，如果运行正常，通信服务则可暂不考虑。PLC 对用户程序进行循环扫描的过程可分为 3 个阶段，如图 1-18 所示。

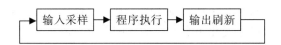

图 1-18　PLC 对用户程序扫描的执行过程

下面对 PLC 的循环扫描过程进行较为详细的分析，并形象地利用图 1-19 来表示。

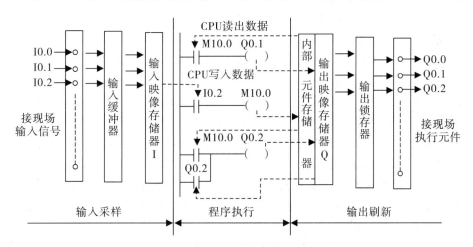

图 1-19　PLC 输入、输出和程序的执行过程

（1）输入采样。PLC 的中央处理单元（CPU）是不能直接与外部接线端子进行信号处理的。送入到 PLC 端子上的输入信号经过调理电路（包括电平转换、光耦合、滤波处理等）进入输入缓冲器等待采样。没有 CPU 采样允许，外部输入信号是不能进入内存的（即输入映像存储器）。输入映像存储器是 PLC 的 I/O 存储区中一个专门存储输入数据映像（即不是直接数据而是数据的影像）的存储区。当 CPU 执行输入操作时，现场输入信号经 PLC 的输入端子由输入缓冲器进入输入映像存储器，此即输入采样，如图 1-20 所示。

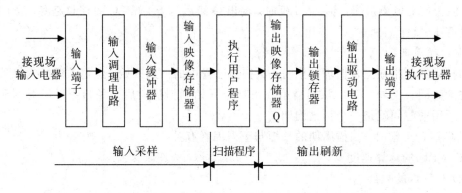

图 1 - 20 PLC 处理 I/O 信号的过程

在程序执行前，PLC 首先扫描输入模块，将所有外部输入信号的状态读入（存入）到输入映像存储器中，随后转入程序执行阶段并关闭输入采样。在程序执行期间，即使外部输入信号的状态发生了变化，输入映像存储器的内容也不会随之变化，这些变化只能在下一个扫描周期的输入采样阶段才能被读入。也就是说，采用输入映像存储器的内容在本工作周期内不会发生变化。

在循环扫描过程中，只有在采样时刻，输入映像存储器暂存的输入信号状态才与输入信号一致，其他时间输入信号变化不会影响输入映像存储器的内容，这会导致 PLC 的输入延迟和输出滞后于输入，使实时性变差。由于 PLC 扫描周期一般只有几毫秒，所以二次采样间隔很短，对于一般开关量来说，可以认为间断采样不会引起误差，即输入信号一旦变化就会立即进入输入映像存储区，但对实时性很强的应用，由于循环扫描而造成的输入延迟则必须考虑，通常采用 I/O 直接传送指令的方法来解决。

需要说明的是，输入采样一次的时间仅占扫描周期的很小一部分（通常只有几毫秒），在此期间可能会引入干扰，但扫描周期的其余大部分时间输入采样关闭，干扰不会被引入，故循环扫描有利于抗干扰。

（2）程序执行。CPU 是采用分时操作的，所以程序的执行是按顺序依次进行的。梯形图的扫描（执行）过程也是按从上到下、先左后右的次序进行的。程序执行过程如下：

PLC 在程序执行阶段，按"从上到下、先左后右"的次序从输入映像存储器 I、内部元件存储器（如存内部辅助继电器状态的位存储器 M、定时器 T、计数器 C 等）和输出映像存储器 Q 中将有关元件的状态（即数据）读出，经逻辑判断和算术运算，将每步的结果立即写入有关的存储器（如位存储器 M、输出映像存储器 Q）中。因此各元件（实装输入点除外）存储器的内容随着程序的执行在不断变化，如图 1 - 19 带箭头的虚线所示。

（3）输出刷新。同样道理，CPU 不能直接驱动负载，CPU 的运算结果也不是直接被送到实际输出点，而是存放在输出映像存储器中。在执行完所有用户程序后（或下次扫描用户程序前），CPU 将输出映像存储器 Q 中的内容通过输出锁存器输出到输出端子上，然后再去驱动外部负载，这步操作过程称为输出刷新。

输出刷新是在执行完所有用户程序后集中进行的，刷新后的状态要持续到下次刷新。同样，对于变化较慢的控制过程来说，因为二次刷新的时间间隔和输出电路惯性时间常数一般只有几十毫秒，可以认为输出信号是即时的。但在某些场合，应考虑输出的这种滞后现象，如采用 I/O 直接传送指令来解决。

　　总之,对周期扫描机制的理解和应用是发挥 PLC 控制功能的关键所在。

　　(4) 说明。以上是 PLC 不断循环、顺序扫描、串行工作的一般工作过程。值得指出的是,PLC 处理输入、输出信号,除了上面介绍的"I/O 定时集中采集,集中传送"(输入信号集中采集,输出信号集中刷新)方式外,还有"I/O 直接传送方式"、"I/O 刷新指令"等。所谓 I/O 直接传送,是指随着程序的执行,需要哪一个输入信息就立即直接从输入模块取用该输入状态。如有的 PLC 执行"直接输入指令"就是这样,但此时输入映像存储器内容不变化,要到下次定时采样时才有变化。同样,当执行"直接输出指令"时,可将该输出结果立即向输出模块输出。此时输出映像存储器中相应内容更新,这种情况送出输出信号不需要等到输出集中刷新时。有的 PLC 还设有"I/O 刷新指令",所以应在设计程序时在需要的地方设置这类指令,执行这类指令可对全部或部分输入点信号读入一次,用以刷新输入映像存储器内容,或在此时将输出结果立即向输出模块输出。

3. PLC 的 I/O 响应滞后问题

　　PLC 的 I/O 响应滞后时间指的是输出动作滞后输入动作的时间。造成这一滞后的原因如下。

　　PLC 通过它的 I/O 模块与外部联系,为了提高 PLC 工作的可靠性,所有外部的 I/O 信号都要经过光电耦合或继电器等隔离后才能传入和送出 PLC。

　　PLC 在设计输入电路时,为了防止由于输入触点的颤振、输入线混入的干扰而引起的误动,电路中一般均设有 RC 滤波器,因此外部输入从断开到接通或从接通到断开变化时,PLC 内部约有 10 ms 的响应滞后,这种滞后属于"物理滞后"。这对于一般系统来说,这点滞后可以忽略,但对于高速输入来说,滤波却成了"高速"的障碍。电子固态开关(无触点)没有抖动噪声,为了实现高速输入,一般在 PLC 上均设有高速输入点,通常其滞后时间短。有些高速输入点采用了滤波器,可用指令设定其滤波时间(如 0～60 ms)。实际高速输入点也有 RC 滤波器,其最小滤波时间不小于 50 μs。

　　PLC 的输出电路通常有 3 种形式:

　　(1) 继电器输出型,CPU 接通继电器的线圈,继而吸合触点,而触点与外线路可构成回路。

　　(2) 晶体管输出型,通过光电耦合使开关晶体管接通或断开以控制外电路。

　　(3) 晶闸管(SCR)和固态继电器(SSR)输出型,其一般情形是采用光电晶闸管实现隔离,由双向晶闸管的通断实现对外部电路的控制。

　　它们的响应时间各不相同,继电器型响应最慢,晶体管型和 SSR 型响应都很快。继电器型从输出继电器的线圈得电或失电到其触点接通和断开的响应时间均为 10 ms;SSR 型从光电晶闸管驱动(或断开)到输出三端双向晶闸管开关元件接通(或断开)的时间为 1 ms 以下;晶体管型从光耦合器动作(或关断)到晶体管导通(或截止)的时间为 0.2 ms 以下。

　　以上由元件和电路原因造成的滞后均属于物理滞后。由于 PLC 是采用扫描方式进行工作的,所以还存在着由于扫描工作方式而引起的输入、输出响应延迟。这种滞后是因为输入、输出刷新时间和运行用户程序所造成的,属于"逻辑滞后"。下面以图 1-19 为例分析逻辑滞后的时间。

　　输入信号出现是有一定随机性的,若设 I0.2 的状态变化完毕即刻执行输入采样,即当 I0.2 状态刚变化后就读入到映像存储器中,经程序执行(从用户程序第一条指令开始,顺序逐条执行，直到用户程序执行结束为止），然后进行输出刷新，这样 Q0.2 的输出滞后输入 I0.2 的变化大约为 1 个扫描周期。可以说 I/O 采用成批传送方式时 I/O 响应最短延迟时间为 1 个扫描周期。

I/O 响应最长延迟时间为多少呢？若设输入采样刚结束，输入 I0.2 状态就由断开（OFF）变为接通（ON）。下面分析输出继电器 Q0.1 的对外触点何时接通。

第一个扫描周期：I0.2 接通（ON）状态未读入，在输入状态表中 I0.2 为 OFF 状态，所以线圈 Q0.1、M10.0、Q0.2 均为 OFF 状态，未被激励。得出的结论是输出 Q0.1、Q0.2 滞后输入 I0.2 变化 1 个周期。

第二个扫描周期：输入采样阶段，输入映像存储器中 I0.2 为 ON 状态。因为 PLC 扫描（执行程序）对梯形图来说是自上而下、自左而右进行的，所以当扫描 M10.0（上）支路时，由于 M10.0 线圈在上一个周期中未被激励，M10.0（上）仍为 OFF 状态，因而 Q0.1 仍为 OFF 状态；当扫描 I0.2 支路时，由于输入状态中 I0.2 已为 ON 状态，因而 M10.0 线圈被激励，这时 M10.0（下）被接通；当扫描 M10.0（下）支路时，Q0.2 线圈被激励。在此周期中，由于 Q0.2 线圈被激励，并写入映像寄存器，当进至输出刷新阶段时，输出继电器 Q0.2 对外触点动作，但已比输入 I0.2 状态变化滞后了 2 个周期。Q0.1 状态尚未变化。

第三个扫描周期：扫面仍自左而右、自上而下进行。由于 M10.0 线圈在元件寄存器中的状态已为 ON，因此 M10.0（上）也为 ON，扫描执行 M10.0（上）支路时 Q0.1 被激励。待用户程序执行完毕，当进至输出刷新阶段时，输出继电器 Q0.1 对外触点才动作。此时，输出 Q0.1 已比输入 I0.2 状态变化滞后了 3 个周期。

由以上分析可知，一般说来，当 I/O 采用集中传送方式时，I/O 响应滞后时间最长为 2～3 个周期，这与编程方法（程序中语句安排等）有关。

图 1－19 所示各元件在不同阶段的状态如表 1－9 所示，表中填有"ON"表示接通（线圈则为被激励），填"/"表示断开（线圈为未被激励）。从表中也可以明显看出，输出继电器 Q0.1 线圈对外触点动作时间比输入 I0.2 动作时间滞后了近 3 个扫描周期。

表 1－9　图 1－19 中各元件不同阶段的状态变化

扫描时间	元件	I0.2	M10.0 线圈	M10.0 触点（下）	Q0.2 线圈	Q0.2 触点	M10.0 触点（上）	Q0.1 线圈
第一个周期	输入采样阶段	/	/	/	/	/	/	/
	输入执行阶段	ON	/	/	/	/	/	/
	输入刷新阶段	ON	/	/	/	/	/	/
第二个周期	输入采样阶段	ON	/	/	/	/	/	/
	输入执行阶段	ON	ON	ON	ON	ON	/	/
	输入刷新阶段	ON	ON	ON	ON	ON	/	/
第三个周期	输入采样阶段	ON	ON	ON	ON	ON	/	/
	输入执行阶段	ON	ON	ON	ON	ON	ON	ON
	输入刷新阶段	ON	ON	ON	ON	ON	ON	ON

注：程序执行阶段的元件状态，是指扫描该元件时。

从上面的分析可得出如下结论：

（1）为了保证输入信息可靠进入输入采样阶段，输入信息的稳定驻留时间必须大于 PLC 的扫描周期，这样可以保证输入信息不丢失。

（2）要减少 I/O 响应时间（输出滞后输入的时间），除在硬件上想办法减少延迟时间外，在 I/O 传送方式上可采用直接传送方式。

（3）定时器的时间设定值不能小于 PLC 的扫描周期。

（4）在同一扫描周期内，输出值保留在输出映像寄存器 Q 内且不变化，因此，此输出值也可看成输出值的反馈值在用户程序中当作逻辑运算的变量或条件使用。

4. PLC 的中断

1）一般中断的概念

PLC 应用在工业过程中常常遇到这样的问题，要求 PLC 在某些情况下中止正常的输入、输出循环扫描和程序运行，转而去执行某些特殊的程序或应急处理程序，待特殊程序执行完毕后，再返回执行原来的程序，PLC 的这样一个过程称为中断。中断过程执行的特殊程序称为中断服务程序，每一种可以向 PLC 提出中断处理请求的内部原因或外部设备称为中断源（意思为中断请求源）。

2）PLC 对中断的处理

PLC 系统对于中断的处理思路与一般微机系统对于中断的处理思路基本是一样的，但不同的厂家、不同型号的 PLC 可能有所区别，使用时要做具体分析。

（1）中断响应问题。CPU 的中断过程受操作系统管理控制。一般微机系统的 CPU，在执行每一条指令结束时去查询有无中断申请，有的 PLC 也是这样，如有中断申请，则在当前指令结束后就可以响应该中断。但有的 PLC 对中断的响应是系统巡回扫描周期的各个阶段，如它是在相关的程序块结束后查询有无中断申请或在执行用户程序时查询有无中断申请，如有中断申请，则转入中断服务程序。如果用户程序以块的形式结构组成，则在每块结束或实行块调用时处理中断。

（2）中断源先后排队顺序及中断嵌套问题。在 PLC 中，中断源的信息是通过输入点进入系统的，PLC 扫描输入点是按输入点编号的前后顺序进行的，因此中断源的先后顺序只要按输入点编号的顺序排列即可。系统接到中断申请后，顺序扫描中断源，它可能只有一个中断源申请中断，也可能同时有多个中断源提出中断申请。系统在扫描中断源的过程中，在存储器的一个特定区建立起"中断处理表"，按顺序存放中断信息，中断源被扫描后，中断处理表亦已建立完毕，系统按照该表中的中断源先后顺序转至相应的中断程序入口地址去工作。

必须说明的是：PLC 可以有多个中断源，多个中断源可以有优先顺序，但有的 PLC 中断无嵌套关系。即中断程序在执行过程中，若有新的中断发生，不论新中断的优先顺序如何，都要等执行中的中断处理结束后，再进行新的中断处理。所以在 PLC 系统工作中，当转入中断服务程序时，并不会自动关闭中断，所以也没有必要去开启中断。然而有的 PLC 中断是可以嵌套的，如西门子公司的 S7 系列 PLC 高优先级的中断组织块可以中断低优先级的中断组织块，进行多层嵌套调用。

思考与练习

1. 简述 PLC 的系统工作过程。

2. 什么是 PLC 的周期扫描工作机制？扫描周期长短与什么有关？

3. 简述 PLC 的循环扫描过程。

4. 循环扫描为什么会导致输入延迟、输入滞后的问题？通常采用什么方法来解决？

5. 循环扫描为什么有利于 PLC 的抗干扰？

6. 名词解释：

（1）输入采样；

（2）输出刷新；

（3）扫描；

（4）扫描周期。

第 2 章　PLC 的编程基础

2.1　S7 – 300 PLC 的编程基础

西门子 S7 – 300/400 PLC 常用的编程软件是 STEP 7 标准软件包。它所包括的编程语言、结构化程序的组成及其所使用的数据类型、指令结构与寻址方式在未学习指令系统之前应对其有较清楚的了解。

1. STEP 7 的程序结构

为了适应用户程序设计的要求，STEP 7 为 S7 – 300/400 PLC 提供了 3 种程序设计的方法，或者说是 3 种用户程序结构，即线性编程、分块编程和结构化编程。

1）线性编程

所谓线性编程，就是将整个用户程序都放在 OB1（循环控制组织块）中，当 CPU 循环扫描时，依次不断循环顺序执行 OB1 中的全部指令，如图 2 – 1(a) 所示。这种方式编程简单，不必考虑功能块、数据块、局部变量等。由于只有一个程序文件，因此软件管理也十分简单。这种方法可以处理一些简单的自动控制任务，适用于一个人进行程序编写。

2）分块编程

将用户程序分隔成一些相对独立的部分，每部分即是一个"控制分块"，每个块中包含一些指令，可以完成一定的功能。这些块执行顺序由放置在组织块 OB1 中的程序来确定，如图 2 – 1(b) 所示。这些块虽然也能控制某一设备或控制某一状态，但这些块与结构化编程中的功能块不同，块中编程使用的是实际参数而不是形式参数。这种方法可分配多个设计人员同时编程，彼此间不会发生冲突。

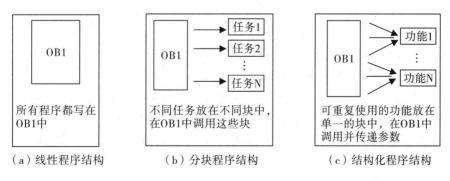

（a）线性程序结构　　　（b）分块程序结构　　　（c）结构化程序结构

图 2 – 1　STEP 7 的三种程序结构

3）结构化编程

在设计一个复杂的自动控制任务设计时，我们会发现部分控制逻辑常常被重复使用，在这种情况下便可采用结构化编程方法来设计用户程序。编一些通用的指令块来控制那些相同或相似的功能，这些块就是功能块(FB)或功能(FC)，如图 2－1(c)所示。在功能块中编程使用的是"形参"，在调用它时要给"形参"赋值变成"实参"，依靠不同的"实参"便可完成对多种不同设备的控制，此即一个功能块可以在多处使用的原因。

2. STEP 7 的编程语言

在 STEP 7 标准软件包中，提供了 LAD(梯形图)、STL(语句表)、FBD(功能块图)三种编程语言。如果用户需要，则可购买"可选软件包"中的"工程工具"，它可提供多种高级语言。用户可选择最适合自己开发应用的编程语言来编写应用程序。

STEP 7 软件中提供的三种编程语言可以相互转换，如可以把使用 LAD/FBD 图形语言编写的程序转换成 STL 语言程序，也可以反向转换。不能转换的 STL 程序仍用语句表显示，在转换中程序不会丢失。在使用 STEP 7 生成用户程序时，需将用户程序的指令存入逻辑块中，在使用 STEP 7 软件时可以看到，STEP 7 可提供增量输入方式和自由编辑方式两种输入方式，增量输入方式更适合初学者使用，因为它对输入的每句程序会立即进行句法检查，只有改正了错误才能完成输入。

1) 梯形图

梯形图和电路图很相似，采用诸如触点和线圈的符号，有的地方也采用梯形图方块，如图 2－2(a)所示。这种语言较适合熟悉继电器控制电路的编程设计人员使用。

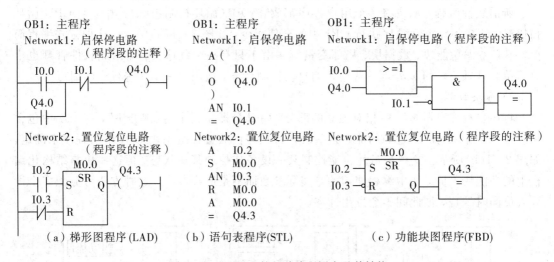

图 2－2 STEP 7 的三种编程语言及其转换

STEP 7 的一个逻辑块中的程序可以分成很多段，如 Network 1 等。Network 为段，后面的编号为段号。一个段实际就是一个逻辑行，编程时可以明显看出各段的结构。为了使程序易读，可以在 Network 后面的注释中输入程序标题或说明。段只是为了便于程序说明而附加的，实际编程时可以不进行输入或变更。梯形图程序是采用增量输入方式(增量编辑器)生成的。

2) 语句表(STL)

语句表是一种助记符语言，一种以文本方式表示的程序。熟悉编程语言的编程设计人员喜欢使用该种语言。一条语句对应程序中的一步，多条语句组成一段。图 2－2(b)列出了与图 2－2(a)相对应的语句表指令。

语句表程序既可用增量编辑器生成，也可以用文本编辑器生成。

3）功能块图（FBD）

功能块图是一种使用不同的功能框图（如"与"、"或"、"非"等逻辑图）来表示功能的图形编程语言，熟悉逻辑电路设计的编程人员较喜欢使用该种语言，如图 2 - 2（c）所示。FBD 程序是采用增量编辑器生成的。

3. 结构化程序中的块

西门子 S7 系列 PLC 的 CPU 中运行着操作系统程序和用户程序两种程序。操作系统程序是固化在 CPU 中的程序，它提供 PLC 系统运行和调度的机制。用户程序则是为了完成特定的自动化控制任务，由用户自己编写的程序。CPU 的操作系统是按照事件驱动扫描用户程序的。用户的程序或数据写在不同的块中（包括程序块或数据块），CPU 按照执行的条件是否成立来决定是否执行相应的程序块或者访问对应的数据块。

在 STEP 7 软件中主要有以下几种类型的块：组织块（OB）、功能（FC）、功能块（FB）、系统功能（SFC）、系统功能块（SFB）、背景数据块（DI）、共享数据块（DB）。

在这些块中，组织块（OB）、功能（FC）、功能块（FB）以及系统功能（SFC）和系统功能块（SFB）都包含有由 S7 指令代码构成的程序代码，因此称之为程序块或者逻辑块。用户可以根据自己的需要将程序写在对应的程序块中。背景数据块（DI）和共享数据块（DB）则是用于存放用户数据，称之为数据块。

下面先介绍结构化编程的概念，然后再逐一介绍各种块的特点和使用方法。

结构化编程是将复杂的自动化任务分解为能够反映生产过程的工艺、功能或可以反复使用的小任务，这些任务用相应的程序块（或逻辑块）来表示，程序运行时所需的大量数据和变量存储在数据块中。某些程序块可以用来实现相同或相似的功能，这些程序块是相对独立的，它们被组织块 OB1（主程序循环块）或别的程序块调用。

在块调用中，调用者可以是各种逻辑块，包括用户编写的 OB（组织块）、FB（功能块）、FC（功能）和系统提供的 SFB（系统功能块）与 SFC（系统功能），被调用的块是 OB 之外的逻辑块。调用功能块时需要为它指定一个背景数据块，后者随功能块的调用而打开，在调用结束时将会自动关闭。

在给功能块编程时使用的是形参，调用它时需要将实参赋值给形参。在一个项目中，可以多次调用同一个块，例如调用控制发电机的块，将不同的实参赋值给形参，即可实现对类似但不完全相同的被控对象（例如汽油机和柴油机）的控制。

块调用即子程序调用，块可以嵌套调用，即被调用的块又可以调用别的块。允许嵌套调用的层数（嵌套深度）与 CPU 的型号有关。

块嵌套调用的层数还受到 L 堆栈大小的限制。每个 OB 至少需要 20B 的 L 内存空间。当块 A 调用块 B 时，块 A 的临时变量将压入 L 堆栈。

1）用户程序中的逻辑块

（1）逻辑块及其特点。所谓逻辑块，实际上是用户根据控制需要，将不同设备的控制程序和不同功能的控制程序写在一起的块。在编程时，用户将其程序用不同的逻辑块进行结构化处理，也就是用户将程序分解为单个的、自成体系的多个部分（块）。程序分块后有以下优点：

① 规模较大的程序会更容易理解。

② 可以对单个的程序段进行标准化。

③ 简化程序组织。

④ 程序修改更容易。

⑤ 由于可以分别测试各单个程序段，查错会更为简单。

⑥ 系统的调试更容易。

(2) 逻辑块的类型。用户程序中的逻辑块有以下几种类型。

① 组织块(OB)。每个 S7-300 PLC 中的 CPU 均包含有一套可在其中编写程序的 OB (随 CPU 的不同而有所不同)，它们是操作系统和用户应用程序在各种条件下的接口界面，或者说 OB 是由操作系统调用的，并可用于控制循环执行或中断执行(包括故障中断)及 PLC 的启动方式等。组织块(OB)的种类如表 2-1 所示。

表 2-1   组织块的启动事件及对应优先级

OB 的种类	中断类型	启动事件	默认优先级
OB1	主程序扫描	启动结束或 OB1 执行结束	1
OB10~OB17	日历时钟中断	日期时间中断 0~7	2
OB20~OB23	延时中断	延时中断 0~3	3~6
OB30	循环中断	循环中断 0(默认时间间隔为 5 s)	7
OB31		循环中断 1(默认时间间隔为 2 s)	8
OB32		循环中断 2(默认时间间隔为 1 s)	9
OB33		循环中断 3(默认时间间隔为 500 ms)	10
OB34		循环中断 4(默认时间间隔为 200 ms)	11
OB35		循环中断 5(默认时间间隔为 100 ms)	12
OB36		循环中断 6(默认时间间隔为 50 ms)	13
OB37		循环中断 7(默认时间间隔为 20 ms)	14
OB38		循环中断 8(默认时间间隔为 10 ms)	15
OB40~OB47	硬件中断	硬件中断 0~7	16~23
OB55	DPV1 中断	状态中断	2
OB56		刷新中断	2
OB57		制造厂商特殊中断	2
OB60	多处理中断	SFC35"MP_ALM"调用	25
OB61~OB64	同步循环中断	同步循环中断 0~3	25
OB70	冗余故障中断 (只适于 H 型 CPU)	I/O 冗余故障	25
OB72		CPU 冗余故障	28
OB73		通信冗余故障	25

续表

OB 的种类	中断类型	启动事件	默认优先级
OB80	异步故障中断	时间故障	26 或 28（如果 OB 存在于启动程序中优先级为 28）
OB81		电源故障	
OB82		诊断故障	
OB83		插入/删除模板中断	
OB84		CPU 硬件故障	
OB85		程序周期错误	
OB86		扩展机架，DP 主站系统或分布式 I/O 从站故障	
OB87		通信故障	
OB88		过程中断	28
OB90	背景循环	暖启动、冷启动或删除一个正在 OB90 中执行的块或装载一个 OB90 到 CPU 或中止 OB90	29
OB100	启动	暖启动	27
OB101		热启动（S7 - 300 和 S7 - 400H 不具备）	27
OB102		冷启动	27
OB121	同步错误中断	编程错误	取引起错误 OB 的优先级
OB122		I/O 访问错误	

OB1 是主程序循环块，由操作系统不断循环调用，在编程时总是需要的。编程时可将所有程序放入 OB1 中，或将部分程序放入 OB1 中，或在 OB1 中调用其他块来组织程序。OB1 运行时，操作系统可能调用其他 OB 块以响应确定事件。其他 OB 块的调用实际上就是"中断"，一个 OB 的执行可以被另一个 OB 的调用而中断。一个 OB 是否可以中断另一个 OB 由它的优先级来决定。组织块 OB 的优先级如表 2 - 1 所示。从表中可以看出，OB1 的优先级最低。中断优先级响应原则是：高优先级的 OB 可以中断低优先级的 OB，而低优先级的 OB 则不能中断同级或高优先级的 OB。具有相同优先级的 OB 按照其引起事件发生的先后次序进行处理。

S7 - 300 PLC 的 CPU（CPU318 除外）的每个组织块的优先级都是固定的，而对于 CPU 318 则可以通过 STEP 7 修改下列组织块的优先级。

- OB10～OB47，可设置优先级为 2～23。
- OB70～OB72（仅适用于 H CPU），可设置优先级为 2～28。
- OB81～OB87 可设置优先级为 24～26。

S7 系列 PLC 允许为多个 OB 分配相同的优先级。

由同步错误引起的错误 OB，其执行优先级与块发生错误时的执行优先级相同。

② 功能块（FB）。功能块（FB）属于用户自己编程的块，实际上相对于子程序，它带有一个附属的存储数据块，称之为背景数据块（DI）。传递给 FB 的参数和静态变量存储在背

景数据块中，临时变量存储在 L 数据堆栈中。DI 的数据结构与其功能块（FB）的参数表（变量声明表）相同。DI 随 FB 的调用而打开，随 FB 的执行结束而关闭，所以存储在 DI 中的数据不会丢失，但保存在 L 堆栈中的临时数据将会丢失。

FB 可以使用全局数据块（DB，又称共享数据块）。

③ 功能（FC）。FC 也是属于用户自己编程的块，但它是无存储区的逻辑块。FC 的临时变量存储在 L 堆栈中，但 FC 执行结束后，这些数据将会丢失。若要存储这些数据，则 FC 可以使用全局数据块（DB）。

由于 FC 没有它自己的存储区，所以必须为它内部的形式参数指定实际参数，不能够为 FC 的局域数据分配初始值。

④ 系统功能（SFC）和系统功能块（SFB）。用户不需要每种功能都自己编写，S7－300 PLC 的 CPU 为用户提供了一些已经编好程序的系统功能（SFC）和系统功能块（SFB），如表 2-2 和表 2-3 所示。它们属于操作系统的一部分，用户可以直接调用它们来编写自己的程序。与功能块 FB 相似，用户必须为 SFB 生成一个背景数据块（DI），并将其下载到 CPU 中。SFC 则与 FC 相似，不需要背景数据块。

表 2-2　SFC 编号及功能一览表

编　号	短　名	功　能　描　述
SFC0	SET_CLK	设系统时钟
SFC1	READ_CLK	设系统时钟
SFC2	SET_RTM	运行时间计时器设定
SFC3	CTRL_RTM	运行时间计时器启/停
SFC4	READ_RTM	运行时间计时器读取
SFC5	GADR_LGC	查询模块的逻辑起始地址
SFC6	RD_SINFO	读 OB 启动信息
SFC7	DP_PRAL	在 DP 主站上触发硬件中断
SFC9	EN_MSG	使能块相关，符号相关和组状态的信息
SFC10	DIS_MSG	封锁块相关，符号相关和组状态的信息
SFC11	DPSRC_FR	同步 DP 从站组
SFC12	D_ACT_DP	取消和激活 DP 从站
SFC13	DPNRM_DG	读 DP 从站的诊断数据（从站诊断）
SFC14	DPRD_DAT	读标准 DP 从站的连续数据
SFC15	DPWR_DAT	读标准 DP 从站的连续数据
SFC17	ALARM_SQ	生成可应答的块相关信息
SFC18	ALARM_S	生成恒定可应答的块相关信息
SFC19	ALARM_SC	查询最后的 ALARM_SQ 到来状态信息的应答状态
SFC20	BLKMOV	复制变量
SFC21	FILL	初始化存储器
SFC22	CREAT_DB	生成 DB

编　号	短　名	功　能　描　述
SFC23	DEL_DB	删除 DB
SFC24	TEST_DB	调试 DB
SFC25	COMPRESS	压缩用户内存
SFC26	UPDAT_PI	刷新过程映像更新表
SFC27	UPDAT_PO	刷新过程映像输出表
SFC28	SET_TINT	设置日时钟中断
SFC29	CAN_TINT	取消日时钟中断
SFC30	ACT_TINT	激活日时钟中断
SFC31	QRY_TINT	查询日时钟中断
SFC32	SRT_DINT	启动延时中断
SFC33	CAN_DINT	取消延时中断
SFC34	QRY_DINT	查询延时中断
SFC35	MP_ALM	触发多 CPU 中断
SFC36	MSK_FLT	屏蔽同步故障
SFC37	DMSK_FLT	解除同步故障屏蔽
SFC38	READ_ERR	读故障寄存器
SFC39	DIS_IRT	封锁新中断和非同步故障
SFC40	EN_IRT	使能新中断和非同步故障
SFC41	DIS_AIRT	延迟高优先级中断和非同步故障
SFC42	EN_AIRT	使能高优先级中断和非同步故障
SFC43	RE_TRIGR	再触发循环时间监控
SFC44	REPL_VAL	传送替代值到累加器
SFC46	SIP	使 CPU 进入停机状态
SFC47	WAIT	延时用户程序的执行
SFC48	SNC_RTCB	同步子时钟
SFC49	LCC_GADR	查询一个逻辑地址的模块槽位属性
SFC50	RD_LGADR	查询一个模块的全部逻辑地址
SFC51	RDSYSST	读系统状态表或部分表
SFC52	WR_USMSG	向诊断缓冲区写用户定义的诊断事件
SFC54	RD_PARM	读取定义参数
SFC55	WR_PARM	写动态参数
SFC56	WR_DPARM	写默认参数
SFC57	PARM_MOD	为模块指派参数
SFC58	WR_REC	写数据记录

编 号	短 名	功 能 描 述
SFC59	RD_REC	读数据记录
SFC60	GD_SND	全局数据包发送
SFC61	GD_RCV	全局数据包接收
SFC62	CONTROL	查询属于 S7 - 400 PLC 的本地通信 SFB 背景的连接状态
SFC63	AB_CALL	汇编代码块
SFC64	TIME_TCK	读系统时间
SFC65	X_SEND	向局域 S7 站之外的通信伙伴发送数据
SFC66	X_RCV	接收局域 S7 站之外的通信伙伴发来的数据
SFC67	S_GET	读取局域 S7 站之外的通信伙伴的数据
SFC68	X_PUT	写数据到局域 S7 站之外的通信伙伴
SFC69	X_ABORT	终止现存的与局域 S7 站之外的通信伙伴的连接
SFC72	I_GET	读取局域 S7 站内的通信伙伴
SFC73	I_PUT	写数据到局域 S7 站内的通信伙伴
SFC74	I_ABORT	终止现存的与局域 S7 站内的通信伙伴的连接
SFC78	OB_RT	决定 OB 的程序运行时间
SFC79	SET	置位输出范围
SFC80	RSET	复位输出范围
SFC81	UBLKMOV	不可中断复制变量
SFC82	CREA_DBL	在装载存储器中生成 DB 块
SFC83	READ_DBL	读装载存储器中的 DB 块
SFC84	WRIT_DBL	写装载存储器中的 DB 块
SFC87	C_DIAG	实际连接状态的诊断
SFC90	H_CTRL	H 系统中的控制操作
SFC100	SET_CLRS	设日期时间和日期时间状态
SFC101	RTM	处理时间计时器
SFC102	RD_DPARA	读取预定义参数(重新定义参数)
SFC103	DP_TOPOL	识别 DP 主系统中总线的拓扑
SFC104	GiR	控制 GiR
SFC105	READ_SI	读动态系统资源
SFC106	DEL_SI	删除动态系统资源
SFC107	ALARM_DQ	生成可应答的块相关信息
SFC108	ALARM_D	生成恒定可应答的块相关信息
SFC126	SYNC_PI	同步刷新过程映像区输入表
SFC127	SYNC_PO	同步刷新过程映像区输出表

表 2 - 3　SFB 编号及功能一览表

编　号	短　名	功　能　描　述
SFB0	CTU	增计数
SFB1	CTD	减计数
SFB2	CTUD	增/减计数
SFB3	TR	脉冲定时
SFB4	TON	延时接通
SFB5	TOF	延时断开
SFB8	USEND	非协调数据发送
SFB9	URCV	非协调数据接收
SFB12	BSEND	段数据发送
SFB13	BRCV	段数据接收
SFB14	CET	向远程 CPU 写数据
SFB15	PUT	向远程 CPU 读数据
SFB16	PRINT	向打印机发送数据
SFB19	START	在远程装置上实施暖启动和冷启动
SFB20	STOP	将远程装置变为停止状态
SFB21	RESUME	在远程装置上实施热启动
SFB22	STATUS	查询远程装置的状态
SFB23	USTATUS	接收远程装置的状态
SFB29	HS_COUNT	计数器(高速计数器,集成功能)
SFB30	FREQ_MES	频率计(频率计、集成功能)
SFB31	NOTIFY_8P	生成不带应答指示的块相关信息
SFB32	DRUM	执行顺序器
SFB33	ALARM	生成带应答显示的块相关信息
SFB34	ALARM_8	生成不带 8 个信号值的块相关信息
SFB35	ALARM_8P	生成带 8 个信号值的块相关信息
SFB36	NOTIFY	生成不带应答显示的块相关信息
SFB37	AR_SEND	发送归档数据
SFB38	HSC_A_B	计数器 A/B(集成功能)
SFB39	POS	定位(集成功能)
SFB41	CONT_C	连续调节器
SFB42	CONT_S	步进调节器
SFB43	PULSECEN	脉冲发生器
SFB44	ANALOG	带模拟输出的定位

续表

编　号	短　名	功　能　描　述
SFB46	DIGITAL	带数字输出的定位
SFB47	COUNT	计数器控制
SFB48	FREQUENC	频率计控制
SFB49	PULSE	脉冲宽度控制
SFB52	RDREC	读来自 DP 从站的数据记录
SFB53	WRR EC	向 DP 从站写数据记录
SFB54	RALRM	接收来自 DP 从站的中断
SFB60	SEND_PTP	发送数据（ASCII3964（R））
SFB61	RCV_PTP	接收数据（ASCII3964（R））
SFB62	RES_RECV	清除接收缓冲区（ASCII3964（R））
SFB63	SEND_RK	发送数据（RK512）
SFB64	FERCH_RK	获取数据（RK512）
SFB65	SERVE_RK	接收和提供数据（RK512）
SFB75	SALRM	向 DP 从站发送中断

2）用户程序中的数据块

除逻辑块（即程序块）外，用户程序还包括数据块（DB）。数据块是用户定义的用于存取数据的存储区，该存储区在 CPU 的存储器中，可以被打开或关闭。用户可在 CPU 的存储器中建立一个或多个数据块，用来存储过程状态和其他信息，即用来保存用户程序中使用的变量数据（如数值）。用户程序可以以位、字节、字或双字操作，访问数据块中的数据。

数据块可分为共享数据块（DB）和背景数据块（DI）。从存储区来看，它们都是存放在数据块存储区（属工作存储区），没有什么区别，但它们的使用范围、数据结构、打开数据块方式均有不同。这里要强调一点，共享数据块（DB）是用户程序中的所有逻辑块都可以调用（读/写）的块，而背景数据块（DI）总是分配给指定的 FB，它只能在所分配的 FB 中调用背景数据块（DI）。

3）用户程序中的系统数据块（SDB）

系统数据块（SDB）是为存放 PLC 参数所建立的系统数据存储区。SDB 中存有操作控制器必要的数据，如组态数据、通信连接数据和其他操作参数等，它们采用 STEP 7 软件中不同的工具来建立。

　思 考 与 练 习

1. 什么是线性化编程？

2. 什么是结构化编程？

3. 在 STEP 7 软件中主要有几种类型的块？

4. OB1 是何组织块？在程序中起何作用？

5. 什么是功能？什么是功能块？

2.2　STEP 7 的数据类型

当代 PLC 不仅要进行逻辑运算，还要进行数字运算和数据处理。STEP 7 编程语言中大多数指令都要与具有一定大小的数据对象一起进行操作。在数据块、逻辑块的使用中也牵涉到数据类型问题，所以在学习和使用 PLC 时，必须认真了解它的数据类型、表示形式及标记。

1. 数制

1）二进制数

二进制数的 1 位(bit)只能取 0 或 1 这两个不同的值，可以用来表示开关量(或称数字量)两种不同的状态，例如触点的断开和接通、线圈的失电和得电等。如果该位为 1，表示梯形图中对应的位编程元件的线圈"得电"，其常开触点接通，常闭触点断开，以后称该编程元件为 1 状态，或称该编程元件 ON(接通)；如果该位为 0，对应编程元件的线圈和触点的状态则与上述相反，称该编程元件为 0 状态，或称该编程元件 OFF(断开)。二进制常数用"2#"表示，例如，2#1111_0110_1001_0001 是 16 位二进制常数。

2）十六进制数

十六进制的 16 个数字是 0~9 和 A~F(对应于十进制数 10~15)，每个数字占二进制数的 4 位。B#16#、W#16#、DW#16# 分别用来表示十六进制字节、字和双字常数，例如，W#16#13AF。在数字后面加"H"也可以表示十六进制数，例如，16#13AF 可以表示为 13AFH。

十六进制数的运算规则为逢 16 进 1，例如，B#16#3C＝3×16＋12＝60。

3）BCD 码

BCD 码用 4 位二进制数表示一位十进制数，例如，十进制数 9 对应的二进制数为 1001。4 位二进制数共有 16 种组合，有 6 种(1010~1111)没有在 BCD 码中使用。

BCD 码的最高 4 位二进制数用来表示符号，16 位 BCD 码字的范围为 -999~$+999$。32 位 BCD 码双字的范围为 -9999999~$+9999999$。

BCD 码实际上是十六进制数，但是各位之间的关系是逢十进一。十进制数可以很方便地转换为 BCD 码，例如，十进制数 296 对应的 BCD 码为 W#C#296 或 2#0000 0010 1001 0110。

二进制整数 2#0000 0001 0010 1000 对应的十进制数也是 296。因为它的第 3 位、第 5 位和第 8 位为 1，所以对应的十进制数为 $2^8＋2^5＋2^3＝256＋32＋8＝296$。

2. 数据类型

数据类型决定数据的属性，在 STEP 7 软件中，数据类型分为三大类：基本数据类型、复合数据类型和参数类型。复合数据类型是用户通过组合基本数据类型生成的；参数类型是用来定义传送功能块(FB)和功能(FC)参数的。

1）基本数据类型

基本数据类型定义：不超过 32 bit 的数据符合 IEC 61131-3 的规定，可以装入 S7 处理器的累加器中，可利用 STEP 7 基本指令进行处理。

　　基本数据类型共有 12 种，每一个数据类型都具备关键词、数据长度及取值范围和常数表示形式等属性，表 2 - 4 列出了西门子 S7 - 300/400 PLC 所支持的基本数据类型。

表 2 - 4　基本数据类型

类型（关键词）	位	表示形式	数据与范围	示　例
布尔（BOOL）	1	布尔量	TURE/FALSE	触点的闭合/断开
字节（BYTE）	8	十六进制	B♯16♯0～B♯16♯FF	L B♯16♯20
字（WORD）	16	二进制	2♯0～2♯1111_1111_1111_1111	L 2♯0000_0011_1000_0000
		十六进制	W♯16♯～W♯16♯FFFF	L W♯16♯0380
		BCD 码	C♯0～C♯999	L C♯896
		无符号十进制	B♯（0，0）～B♯（255，255）	L B♯（10，10）
双字（DWORD）	32	十六进制	DW♯16♯0000_0000～DW♯16♯FFFF_FFFF	L DW♯16♯0123_ABCD
		无符号数	B♯（0，0，0，0）～B♯（255，255，255，255）	L B♯（1，23，45，67）
字符（CHAR）	8	ASCII 字符	可打印 ASCII 字符	'A'、'B'、'，'
整数（INT）	16	有符号十进制数	−32768～+32767	L −23
长整数（DINT）	32	有符号十进制数	L♯−214783648～L♯214783647	L L♯23
实数（REAL）	32	IEEE 浮点数	±1.175495E−38～±3.402823E+38	L 2.34567E+2
时间（TIME）	32	带符号 IEC 时间，分辨率为 1 ms	T♯−24D_20H_31M_23S_648MS～T♯24D_20H_31M_23S_647MS	L T♯8D_7H_6M_5S_0MS
日期（DATE）	32	IEC 日期，分辨率为 1 天	D♯1990_1_1～D♯2168_12_31	L D♯2005_9_27
实时时间（Time_of_Daytod）	32	实时时间，分辨率为 1 ms	TOD♯0：0：0.0～TOD♯23：59：59.999	L TOD♯8：30：45.12
S5 系统时间（S5TIME）	32	S5 时间，以 10 ms 为时基	S5T♯0H_0M_0S_10MS～S5T♯2H_46M_30S_0MS	L S5T♯1H_3M_2S_10MS

　　（1）位。位（bit）数据的数据类型为 BOOL（布尔）型，在编程软件中，BOOL 变量的值 1 和 0 常用英语单词 TURE（真）和 FALSE（假）来表示。

　　位存储单元的地址由字节地址和位地址组成，例如"I3.2"中的区域标示符"I"表示输入（Input），字节地址为 3，位地址为 2，如图 2 - 3 所示。这种存取方式称为"字节 . 位"寻址方式。

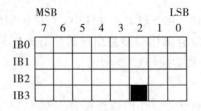

图 2 - 3　位数据的存放

（2）字节。8 位二进制数组成 1 个字节（Byte），如图 2-4(a)所示。其中，第 0 位为最低位（LSB），第 7 位为最高位（MSB）。

（3）字。相邻的 2 个字节组成 1 个字（Word），字用来表示无符号数。MW100 是由 MB100 和 MB101 组成的 1 个字，如图 2-4(b)所示，MB100 为高字节。MW100 中的 M 为区域标示符，W 表示字，100 为字的起始字节 MB100 的地址。字的取值范围为 W♯16♯0000～W♯16♯FFFF。

（4）双字。2 个字组成 1 个双字（Double Word），双字用来表示无符号数。MD100 是由 MB100～MB103 组成的 1 个双字，如图 2-4(c)所示，MB100 为高位字节，D 表示双字，100 为双字的起始字节 MB100 的地址。双字的取值范围为 DW♯16♯0000_0000～DW♯16♯FFFF_FFFF。

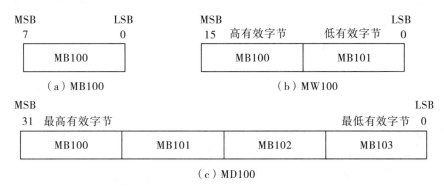

图 2-4　字节、字和双字

（5）16 位整数。整数（INT，Integer）是有符号数，整数的最高位为符号位。当整数的最高位为 0 时为正数；为 1 时为负数，取值范围为-32768～32767。整数用补码来表示，正数的补码是其本身，将一个正数对应的二进制数的各位求反后加 1，即可得到绝对值与它相同的负数的补码。

（6）32 位整数。32 位整数（DINT，Double Integer）的最高位为符号位，取值范围为-2147483648～2147483647。

（7）32 位浮点数。浮点数也称为实数。例如：+25.419 可表示成+2.5419×10^1 或+2.5419E+1 的指数表示式，-234567 可表示成-2.34567×10^5 或-2.34567E+5。指数表示式中的指数是以 10 为底的。

STEP 7 中的实数是按照 IEEE 标准表示的。在存储器中，实数占用两个字（32 位），即存放实数需要一个双字，最高位 31 是符号位，0 表示正数，1 表示负数。可以表示的数的范围是 $1.175495×10^{-38}～3.402823×10^{38}$。

$$实数值=(sign)(1+f)×2^{e-127}$$

式中，sign 为符号；f 为底数（尾数）；e 为指数值。

示例：如图 2-5 所示是一个实数的格式，求出该数。

解：第 31 位是 0，所以该数为正实数。

$$e=2^6+2^5+2^4+2^3+2^2+2^1=126$$

$$该数（32 位）=(1+2^{-1})×2^{e-127}=1.5×2^{126-127}$$

$$=1.5×2^{-1}=0.75$$

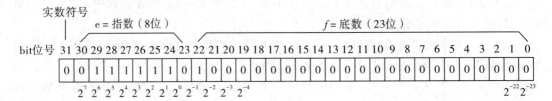

图 2 - 5 实数格式示例

浮点数的优点是用很小的存储空间（4B）可以表示非常大和非常小的数。PLC 输入和输出的数值大多是整数，用浮点数来处理这些数据需要进行整数和浮点数之间的相互转换，浮点数的运算速度比整数运算的慢得多。

（8）常数的表示方法。常数值可以是字节、字和双字，CPU 以二进制方式存储常数，常数也可以用十进制、十六进制、ASCII 码和浮点数形式来表示。

B♯16♯，W♯16♯，DW♯16♯ 分别用来表示十六进制字节、字和双字常数。2♯用来表示二进制常数，例如 2♯1101_1010。

L♯为 32 位双整数常数，例如 L♯ + 5。P♯为地址指针常数，例如 P♯M2.0 是 M2.0 的地址。

S5T♯是 16 位 S5 时间常数，格式为 S5T♯aD_bH_cM_dS_eMS。其中，a、b、c、d、e 分别是日、小时、分、秒和毫秒的数值。输入时可以省掉下划线，例如 S5T♯4S30MS = 4s30ms，S5T♯2H15M30S = 2h15min30s。S5 时间常数的取值范围为 S5T♯0H_0M_0S_0MS～S5T♯2H_46M_30S_0MS，时间增量为 10 ms。

T♯为带符号的 32 位 IEC 时间常数，例如 T♯1D_12H_30M_0S_250MS，时间增量为 1ms。取值范围为 - T♯24D_20H_31M_23S_648MS ～ T♯24D_20H_31M_23S_647MS。

DATE 是 IEC 日期常数，例如 D♯2004 - 1 - 15。取值范围为 D♯1990 - 1 - 1 ～ D♯2168 - 12 - 31。TOD♯是 32 位实时时间（Time of day）常数，时间增量为 1 ms，例如 TOD♯23：50：45.300。

C♯为计数器常数（BCD 码），例如 C♯250。8 位 ASCII 字符用单引号来表示，例如 'ABC'。此外，B(b1、b2)B(b1、b2、b3、b4)用来表示 2B 或 4B 常数。

2）复合数据类型

超过 32 位的数据或由基本数据与复合数据类型组合成的数据称为复合数据类型。STEP 7 有以下 5 种复合数据类型。

（1）数组（ARRAY）：将一组同一类型的数据组合在一起，形成一个单元。可通过下标如[2，2]访问数组中的数据。

（2）结构（STRUCT）：将一组不同类型的数据组合在一起，形成一个单元。

（3）字符串（STRING）：是最多有 254 个字符（CHAR）的一维数组。

（4）日期和时间（DATE_AND_TIME）：用于存储年、月、日、时、分、秒、毫秒和星期，占用 8 个字节，用 BCD 格式保存。星期天的代码为 1，星期一～星期六的代码为 2～7。

例如，DT♯2004 - 07 - 15 - 12：30：15.200 为 2004 年 7 月 15 日 12 时 30 分 15.2 秒。

（5）用户定义的数据类型 UDT（User - defined Data Types）：由用户将基本数据类型

和复合数据类型组合在一起，形成的新的数据类型。可以在数据块(DB)和变量声明表中定义复合数据类型。

3) 参数类型

参数类型是为在逻辑块之间传递参数的形参(Formal Parameter，形式参数)定义的数据类型。它可分为以下几种情况：

(1) TIMER(定时器)和 COUNTER(计数器)：指定执行逻辑块时要使用的定时器和计数器，对应的实参(Actual Parameter，实际参数)应为定时器或计数器的编号，其标记为 T_{nn}(nn 为定时器号)和 C_{nn}(nn 为计数器号)，例如 T_{31}，C_{21}。

(2) BLOCK(块)：指定一个块用作输入和输出，参数声明决定了使用的块的类型，其标记为 FBnn(nn 为 FB 块号)、FCnn(nn 为 FC 块号)、DBnn(nn 为 DB 块号)、SDBnn(nn 为 SDB 块号)。块参数类型的实参应为同类型的块的绝对地址编号(例如 FB2)或符号名(例如"Motor")。

(3) POINTER(指针)：6 字节指针类型，用来传递 DB 的块号或数据地址。一个指针给出的是变量的地址而不是变量的数值大小，其标记为 P♯储存区地址，例如，P♯M50.0 是指向位存储器 M50.0 的双字地址指针，用 P♯M50.0 是为了访问位存储器 M50.0。

(4) ANY：10 字节指针类型，用来传递 DB 块号或数据地址、数据类型以及数据数量。其标记为 P♯储存区地址_数据类型_长度，如 P♯M10.0_Word_5，当实参的数据类型未知或在功能块中需要使用变化的数据类型时，可以把形参定义为 ANY 参数类型。这样，就可以将任何数据类型的实参给 ANY 类型的形参，而不必像其他类型那样保证实参和形参类型一致。

 思考与练习

1. 将十六进制数 B♯16♯3B、W♯16♯AB3F 转换为十进制数。
2. 十进制数 386 对应的 BCD 码为多少？对应的二进制数为多少？
3. 在 STEP 7 中，数据类型分为哪几类？基本数据类型包括哪些种类？
4. 存储器的位、字节、字和双字有什么关系？M100.1、MB100、MW100、MD100 的含义是什么？
5. 在 STEP 7 中，数据的参数类型有哪几种？分别举例说明。

2.3　S7 - 300 PLC 编址

在进行 PLC 程序设计时，必须先确定 PLC 组成系统各 I/O 点的地址以及所用到的其他存储器(如位存储器、定时器、计数器等)的地址。PLC 通常采用两种编址方法，即绝对地址法和符号地址法，绝对地址法又有两种，即面向槽位的编址法和面向用户的编址法(即用户自定义地址的方法)。

1. 默认值编址法(默认地址法)

S7 - 300 PLC 的 I/O 模块一般采用默认值编址法，它采用绝对地址法，是面向槽位的编程法，即根据 I/O 模块所在的机架号和槽位号编址。由于各机架的槽位都有一个规定的默认地址，所以，该法又称为默认地址法。这种方法的缺点是软、硬件设计不能分开进行。默认值编址法的地址分配如图 2－6 所示。

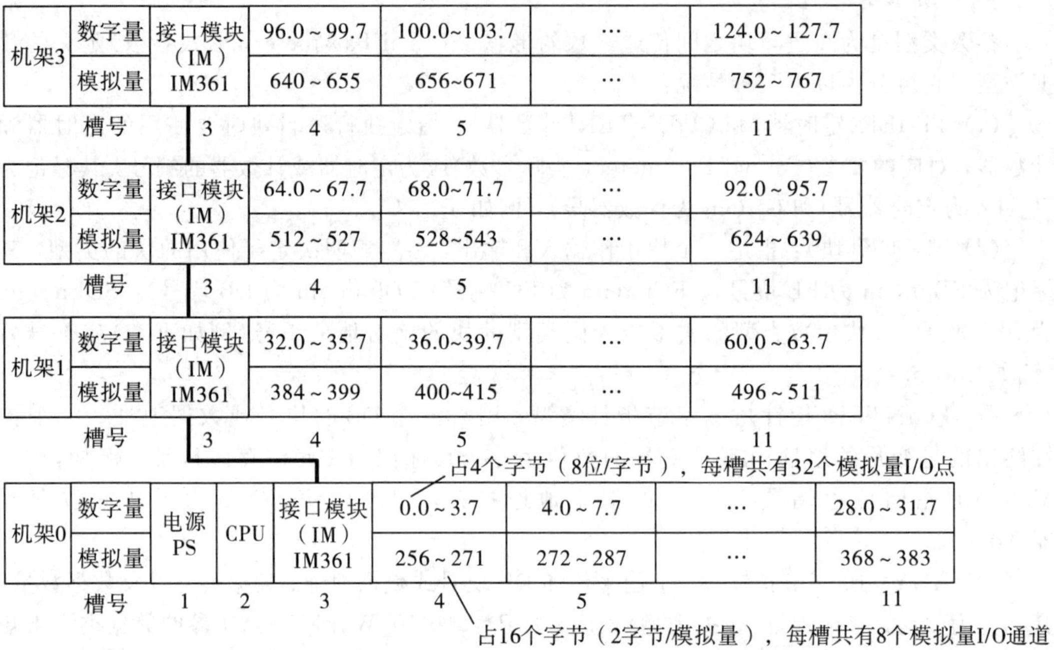

机架3
数字量
模拟量
接口模块（IM）IM361
96.0～99.7
100.0~103.7
…
124.0～127.7
640～655
656~671
…
752～767
槽号 3 4 5 11
机架2
数字量
模拟量
接口模块（IM）IM361
64.0～67.7
68.0~71.7
…
92.0～95.7
512～527
528~543
…
624～639
槽号 3 4 5 11
机架1
数字量
模拟量
接口模块（IM）IM361
32.0～35.7
36.0~39.7
…
60.0～63.7
384～399
400~415
…
496～511
槽号 3 4 5 11
占4个字节（8位/字节），每槽共有32个模拟量I/O点
机架0
数字量
模拟量
电源PS
CPU
接口模块（IM）IM361
0.0～3.7
4.0～7.7
…
28.0～31.7
256～271
272～287
…
368～383
槽号 1 2 3 4 5 11
占16个字节（2字节/模拟量），每槽共有8个模拟量I/O通道

图 2－6 S7－300 PLC 数字量和模拟量 I/O 地址分配图

1）数字量 I/O 编址

在图 2－6 中，各槽位占 4 个字节，每个字节 8 位，对应 32 个数字量 I/O 点，依此排列来确定每个 I/O 点所占用的具体地址。

如数字量地址：I1.2，它表示输入地址是在 0 号机架、4 号槽位的第 2 个字节的第 3 位。

例如：若在 0 号机架的第 4 槽中插入一块 16 点的输入模块，则该输入模块仅使用了 0.0～1.7 的地址，而 2.0～3.7 的地址将会自动丢失，但这些丢失的地址可作为中间继电器使用，如图 2－7 所示。

插入16位DI模块时，I0.0～I1.7作为地址使用，I2.0～I3.7自动丢失（此地址可作为中间继电器使用）
机架0
数字量
模拟量
电源PS
CPU
接口模块（IM）IM361
0.0～3.7
4.0～7.7
…
28.0～31.7
256～271
272～287
…
368～383
槽号 1 2 3 4 5 11
插入模拟量8AO模块时，8路输入地址为IW272，IW274，…，IW286
插入数字量8DI/8DO模块时，输入地址为I28.0～I28.7，输出地址为Q28.0～Q28.7

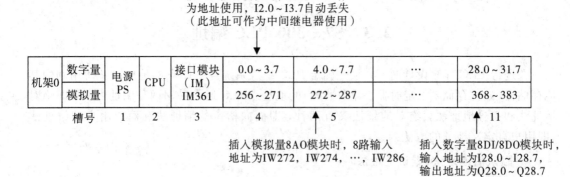

图 2－7 S7－300 PLC 数字量和模拟量 I/O 地址分配示例

2）模拟量 I/O 编址

对模拟量 I/O 插槽，每个槽位（32 位）给模拟量划分为 16 个字节地址（等于 8 个模拟量通道，1 个通道占 2 个字节，即 1 个字）。如 IW272 表示模拟量输入通道 272 所占字节地址为 IB272、IB273。

例如：若在 0 号机架的第 5 槽中插入一块 8 路模拟量输入模块时，该模板的 8 路模拟量输入地址为 IW272，IW274，…，IW286，如图 2-7 所示。

说明：

（1）在图 2-6 所示的地址分配中，字节编号（即字节地址）为十进制数（1 个字占 2 个字节，故字地址也是十进制数），位号（即位地址）为八进制数。

（2）CPU312、CPU312C、CPU312IFM 和 CPU313 等 CPU 模块扩展能力最小，只能使用 0 号机架，1、2、3 号扩展机架不能使用。

（3）CPU314IFM、CPU31xC 有扩展机架 3 时，机架 3 的槽 11 不能插入 I/O 模块，因为该区域的地址（I24.0～I27.7 或 752～767）被 CPU314IFM、CPU31xC 集成的 I/O 占用。

（4）数字量（开关量）地址范围为 0.0～127.7，即最大总点数为 1024 个点；模拟量地址范围为 256～767，即最大总模拟量通道数为 256 个。

（5）图 2-6 所示为 S7-300 PLC 的最大配置，实际 PLC 系统应根据控制要求选取的模块数来决定机架数、槽数以及模块所占用的地址。

以上介绍了默认值编址法。默认值编址法的缺点是：槽位的地址不能充分利用，可能会造成地址丢失，使地址不连接，出现空隙，造成浪费。丢失的地址不能再作 I/O 地址使用（但可以作为内部中间继电器使用），而用面向用户的编址法可弥补这一缺点。

2. 面向用户的编址法

面向用户的编址法即用户自定义地址的方法。西门子 S7-300 系列 PLC 只有 CPU315、CPU315-2DP、CPU316-2DP、CPU318-2DP 以及 CPU31xC 支持面向用户的编址，其他 CPU 型号的 PLC 不能采用此种编址方式。所谓面向用户的编址，即拥有 STEP7 软件对模块自由分配用户所选择的地址。定义模块的起始地址后，所有其他模块的地址都将基于该起始地址。

面向用户编址的优点：

（1）模块之间不会出现地址的空隙，编址区域可以充分利用。

（2）当生成标准软件时，可编制独立的、不依赖于 S7-300 PLC 硬件组态的地址程序，可使软、硬件设计分开进行。

3. 符号地址

上面所介绍的 I/O 地址都是"绝对地址"，在程序中 I/O 信号、位存储器、定时器、计数器、数据块和功能块都可以使用绝对地址，但这样阅读程序较困难。用 STEP7 编程时可以用符号名代替绝对地址（如用启动按钮 SB1 代替输入地址 I0.1），这就是符号地址，使用符号地址可使程序阅读更容易。

使用"程序编辑器"或"符号编辑器"可以为下列存储区的绝对地址定义符号名：

输入/输出映像存储器：I/O；

位存储器：M/MB/MW/MD；

定时器/计数器：T/C；

逻辑块：FB/FC/SFB/SFC/OB；

数据块：DB（仅用于符号编辑器）；

用户定义的数据类型：UDT。

在 STEP7 中定义符号地址是先给需要使用的绝对地址或参数变量定义符号，然后再在程序中使用所定义好的符号进行编程。STEP7 中可以定义的符号有全局符号和局部符号两种。

（1）全局符号，是在符号编辑器中定义的符号，在所有的块中都可使用，并指向符号编辑器中指定的绝对地址。STEP7 的一个项目中可以包含多个工作站，每个工作站的 S7程序中都有符号编辑器，可为本工作站编辑全局符号，如图 2－8 所示。

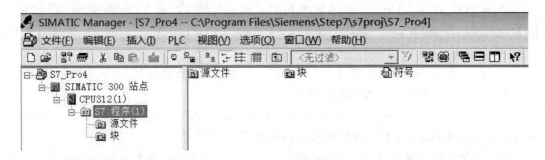

图 2－8　符号编辑器工具

依次双击"S7 程序（1）"中编辑区间的"符号"项，可进入符号编辑器。符号编辑器的环境如图 2－9 所示，图中已编辑部分符号。

	状态	符号	地址		数据类	注释
1		Cycle Exe...	OB	1	OB ...	
2		SB0	I	0.0	BOOL	正转按钮
3		SB1	I	0.1	BOOL	反转按钮
4		SB2	I	0.2	BOOL	停止按钮
5		KM1	Q	0.3	BOOL	正转接触器
6		KM2	Q	0.4	BOOL	反转接触器
7						

图 2－9　符号编辑器的环境

用户可在符号编辑器中编辑本工作站的全局符号。在编辑符号时，不能出现相同的符号，相同的地址变量也不允许出现两次。符号栏、地址栏以及数据类型都是必填项。图 2－9 为编辑好的符号。状态栏中标注符号含义如下：

＝：表示在符号表中出现相同的符号名或地址。

X：表示符号不完整（缺少符号或地址）。

保存编辑完成的符号表，以后在打开程序编辑器编辑时，即可直接使用符号名进行编程。输入的符号将自动加引号表示全局符号（注意：编程序时不需要用户输入引号，程序编辑器会自动加入引号），如图 2 - 10 所示。

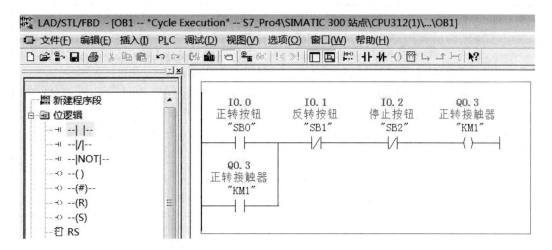

图 2 - 10   使用全局变量编写程序

（2）局部符号，是在程序块中变量申明表中定义的。定义的对象也只限用于本程序块的参数、静态数据和临时数据等，且所定义的符号只在本程序块中有效。例如，在功能块 FB1 中的变量申明表中可定义输入型变量 SB1、SB2，输出型变量 KM1，局部变量在程序中以"♯"号显示，如图 2 - 11 所示。

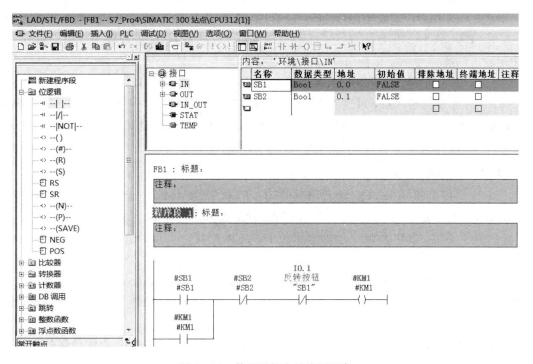

图 2 - 11   使用局部变量编写程序

（3）全局符号与局部符号的区别，如表 2 - 5 所示。在定义符号名时，注意符号名必须是唯一的，符号名最多可用 24 个字符，其应代表某种意义，以便于程序阅读。

表 2 - 5　全局符号和局部符号的比较

功　能	全局符号	局部符号
使用范围	整个用户程序中所有的块均可以使用，符号是唯一确定的	只在定义的块中有效，同一个符号可以在不同的块中定义使用。局部符号也可以与全局符号相同，但以♯标志为局部符号，以双引号标志为全局符号
符号标志	双引号，例如"SB1"	♯号，例如♯SB1
定义对象	输入、输出、定时器、计数器位存储器和各种程序块和数据块（不包括局部数据块）	块的参数（输入、输出、输入/输出）块的静态参数（FB）块的临时数据（FB、FC）
定义工具	符号编辑器	程序编辑器中程序块的变量声明区

4. 集成的输入、输出点的地址的确定

S7 - 300 PLC 中，在有些 CPU 模块（如 CPU312IFM、CPU312C、CPU314IFM 等）上集成有输入、输出点，其地址占用 3 号机架第 11 槽位的绝对地址，从 124.0（数字量地址）或 752（模拟量地址）开始顺序占用，余下的地址丢失，但可作为内部继电器使用。

例如 CPU312IFM 或 CPU312C，它们的 10 个数字量输入（DI）地址为 I124.0～I125.1。其中，I124.6～I125.1 为 4 个特殊输入点，可设置为"高速计数器""频率测量"或"中断输入"等。6 个数字量输出（DO）地址为 Q124.0～Q124.5。

又如，CPU314IFM 的 20 个数字量输入（DI）地址为 I124.0～I126.3。其中，I126.0～I126.3 为 4 个特殊输入点，可设置为"高速计数器""频率测量"或"中断输入"等。6 个数字量输出（DO）地址为 Q124.0～Q124.5。4 个模拟量输入（AI）地址为：IW128、IW130、IW132、IW134。1 个模拟量输出（AO）地址为 QW128。

5. STEP 7 指令系统中的指令类型

STEP 7 提供的 SIMATIC 编程语言是为西门子 S7 系列 PLC 而设计的，它们有梯形图（LAD）、语句表（STL）和功能块图（FBD）3 种形式。西门子 S7 - 300/400 系列 PLC 有丰富的指令系统，既可实现一般的逻辑控制、顺序控制，也可实现较复杂的控制，且编程容易。

西门子 S7 - 300/400 系列 PLC 的指令系统主要包括以下指令类型：

（1）逻辑指令：包括各种进行逻辑运算的指令，如各种位逻辑运算指令、字逻辑运算指令。

（2）定时器和计数器指令：包括各种定时器和计数器线圈指令和功能较强的方块图指令。

（3）数据处理与数学运算指令：包括数据的各种输入、传送、转换、比较、整数算术运

算、浮点数算术运算和累加器操作,对数据进行移位和循环移位等的指令。

(4) 程序执行控制指令:包括跳转指令、循环指令、块调用指令、主控指令。

(5) 其他指令:指上述指令中未包括的指令,如地址寄存器指令、数据块指令、显示指令和空操作指令。

6. 指令的形式与组成

1) 梯形图指令(LAD)

梯形图语言是一种图形语言,其图形符号多数与电气控制电路相似,直观也较易理解,很受电气技术人员和初学者欢迎。梯形图指令有以下几种形式:

(1) 单元式指令:用不带地址和参数的单个梯形图符号来表示。如图 2 - 12(a)表示的是对逻辑操作结果(RLO)取反的指令。

(2) 带地址的单元式指令:用带地址和参数的单个梯形图符号表示。如图 2 - 12(b)表示将前面逻辑串的值赋值给该地址指定的线圈。

(3) 带地址和数值的单元式指令:这种单个梯形图符号,需要输入地址和数值。如图 2 - 12(c)表示是带保持的接通延时定时器线圈,地址表明定时器编号,数值表明延迟的时间。

(4) 带参数的梯形图方块指令:用带有表示输入和输出横线的方块式梯形图符号来表示。如图 2 - 12(d)表示实数除法方块梯形图。输入在方块的左边,输出在方块的右边。

EN 为启动输入,ENO 为启动输出,它们连接的都是布尔数据类型。如果 EN 启动,而且方块能够无错误地执行其功能,则 ENO 的状态为 1;如果 EN 为 0 或方块执行出现错误,则 ENO 状态为 0。IN1、IN2 端填入输入参数;OUT 端填入能放置输出信息的存储单元。方块式梯形图上任一输入和输出参数的类型,均属于基本数据类型。

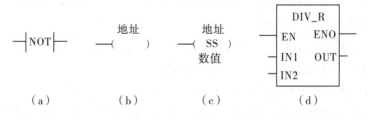

图 2 - 12　梯形图指令

2) 语句表指令(STL)

语句表指令也称语句指令或指令表,是一种类似于计算机汇编语言的指令,这种指令很丰富,有些地方它能编出梯形图和功能块图无法实现的程序。语句指令有下面两种格式。

(1) 操作码加操作数组成的指令。一条语句表指令中有一个操作码,它"告诉"CPU 这条指令要做什么,它还有一个操作数,也称为地址,它"告诉"CPU 在哪里做。例如:

$$\underset{\text{操作码}}{\underline{\text{A}}}\quad\underset{\text{操作数(地址)}}{\underline{\text{I2.0}}}$$

这是一条位逻辑指令,其中"A"是操作码,它表示要进行"与"操作;"I2.0"是操作数,它告诉是对输入继电器的触点 I2.0 去进行"与"操作。

（2）只有操作码的指令。这种语句指令只有操作码，不带操作数，因为它们的操作对象是唯一的，为简便起见，不在指令中说明。例如：NOT 指令，是对逻辑操作结果（RLO）取反的指令，操作数 RLO 隐含其中。

3）指令中的操作数

梯形图指令和语句指令都涉及地址或操作数。如位逻辑指令是以二进制数执行它们的操作，装载和传送指令以字节、字或双字执行它们的操作，而算术指令还要指明所用数据的类型等。因此对操作数必须有清楚的认识。

PLC 指令中的操作数或地址可以是以下的任何一项。

（1）常数：指在程序中不变的数。这类数可用于给定时器和计数器赋值，也可用于其他的运算。常数也包括 ASCII 字符串。常数的示例参阅表 2-4。

（2）状态字的位：PLC 的 CPU 中包含有一个 16 位的状态字寄存器，其中前 9 位为有效位，指令的地址可以是状态字中的一个位或多个位。例如：

A　BR　（状态字中的 BR 位为操作数，其参与"与"运算）

（3）符号名：指令中可以用符号名作为地址。编程时仅能使用已定义过的符号名（已输入到符号表中的共享符号名和块中的局部符号名）。例如：

A　Motor.on　（对符号名地址为 Motor.on 的位执行"与"操作）

（4）数据块和数据块中的存储单元：可以把数据块号和数据块中的存储单元（存储位、字节、字、双字）作为指令的地址。例如：

OPN　DB5　（打开地址为 DB5 的数据块）

A　DB10.DBX4.3　（用数据块 DB10 中的数据位 DBX4.3 作"与"运算）

（5）各种功能 FC、功能块 FB、集成的系统功能 SFC、集成的系统功能块 SFB 及其编号：均可作为指令的地址。例如：

CALL　FB10，DB10　（调用功能块 FB10，及与之相关的背景数据块 DB10）

（6）由标志符和标志参数表示的地址。说明如下：

① 一般情况下，指令的操作数在 PLC 的存储器中，此时操作数由操作数标志符和参数组成。操作数标志符由区标志符和位数标志符组成，区标志符表示操作数所在存储区，位数标志符说明操作数的位数。

② 区标志符有：I（输入映像存储区），Q（输出映像存储区），M（位存储区），PI（外部输入），PQ（外部输出），T（定时器），C（计数器），DB（数据块），L（本地数据）；位数标志符有：X（位），B（字节），W（字），D（双字），没有位数标志符的表示操作数的位数是1 位。

4）寻址方式

一条指令应能指明操作功能与操作对象，而操作对象可以是参加操作的数本身或操作数所在的地址。所谓寻址方式，是指令指定操作对象的方式。STEP 7 指令的操作对象（操作数）如上述，它有 4 种寻址方式，即立即寻址、直接寻址、存储器间接寻址和寄存器间接寻址。

（1）立即寻址：操作数本身就在指令中，不需再去寻找操作数。包括那些未写操作数的指令，因为其操作数是唯一的，为方便起见不再在指令中写出。例如：

L	37	//将整数 37 装入累加器
L	'ABCD'	//将 ASCII 码字符 ABCD 装入累加器
L	C♯987	//将 BCD 码数值 987 装入累加器
OW	W♯16♯F05A	//将十六进制常数 F05A 与累加器 1 低字逐位作"或"运算
SET		//将 RLO 置 1

（2）直接寻址：指令中直接给出存放操作数的存储单元的地址。例如：

A	I0.0	//用输入位 I0.0 进行"与"逻辑操作
L	IB10	//将输入字节 IB10 的内容装入累加器
L	MW64	//将位存储区字 MW64 的内容装入累加器
=	M115.4	//将 RLO 的内容赋值给存储位 M115.4
S	L20.0	//将本地数据位 L20.0 置 1
T	DBD12	//将累加器 1 中的内容传送至数据双字 DBD12（DBB12、DBB13、DBB14、DBB15）中

（3）存储器间接寻址：在存储器间接寻址指令中，给出一个作地址指针的存储器，存储器的内容是操作数所在存储单元的地址。地址指针可以是字，也可以是双字，其中，定时器、计数器、数据块、功能块用字指针。存储器间接寻址中双字指针的格式如图 2 - 13 所示。其中，0～2 位为被寻址地址中位的编号，3～18 为寻址字节编号，只有双字 MD、LD、DBD 和 DID 才能作地址指针。

31	24 23		16 15		8 7		0
0000	0000	0000	0bbb	bbbb	bbbb	bbbb	bxxx

图 2 - 13　存储器间接寻址中双字指针的格式

如果用双字格式的指针访问一个字、字节或双字存储器，则需要保证指针的位编号为零。存储器间接寻址的具体应用如下：

OPN	DB[MW2]	//打开由 MW2 所存数字为编号的数据块（MW 中的位数为 16 位，属于字指针）
=	DIX[DBD4]	//将 RLO 赋值给背景数据位，具体的位号存在数据双字 DBD4 中（DBD 的位数为 32 位，属于双字指针）
A	I[MD2]	//对输入位进行"与"操作，具体位号存储在存储器双字 MD2 中（MD 的位数为 32 位，属于双字指针）

下面是如何应用字和双字指针的示例：

L	＋5	//将整数＋5 装入累加器 1
T	MW2	//将累加器 1 的内容传送给存储字 MW2，此时 MW2 的内容为 5
OPN	DB[MW2]	//打开数据块 5（用存储器间接寻址法）
L	P♯8.7	//将 2♯0000 0000 0000 0000 0000 0000 0100 0111（二进制数）装入累加器 1（注：P♯表示 32 位的双字指针）
T	MD2	//将累加器 1 的内容传送给存储双字 MD2，此时 MD2 的内容为 8.7（双字指针表示的数）

```
A        I[MD2]          // 对输入位 I8.7 进行"与"逻辑操作
=        Q[MD2]          // 将 RL 状态输出给 Q8.7
```

存储器间接寻址方式的优点：在程序执行过程中，通过改变操作数存储器的地址，可改变取用的操作数，如用在循环程序的编写中。

（4）寄存器间接寻址：S7 CPU 中有 AR1 和 AR2 两个 32 位的地址寄存器，它们用于对各存储区的存储器内容实现寄存器间接寻址。寻址的方式是将地址寄存器的内容加上偏移量便得到了被寻址的地址（即存操作数的地址）。

寄存器间接寻址有两种方式：一种称为"区域内寄存器间接寻址"，一种称为"区域间寄存器间接寻址"。两种方式下地址寄存器存储的地址指针格式在 4 个标志位（＊和 rrr）上各有区别，图 2 - 14 所示为地址寄存器内指针格式。

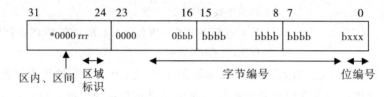

图 2 - 14　寄存器间接寻址指针格式

根据图 2 - 14 说明两种寄存器间接寻址的地址指针安排：

① 位 31＝0，表明是区域内寄存器间接寻址；位 31＝1，表明是区域间寄存器间接寻址。

② 位 24、25、26（rrr）区域标识。当为区域内寻址时，将 rrr 设为 000（无意义）。区域内寻址的存储区由指令中明确给出，这种指针格式适用于在确定的存储区内寻址。当为区域间寻址时，区域标识位用于说明所在存储区。这样，就可通过改变这些位来实现跨区寻址。区域标识位（rrr）所代表的存储区域如表 2 - 6 所示。

表 2 - 6　区域间寄存器间接寻址的区域标识

位 26、25、24 的二进制内容	代表的存储区域
000	P（I/O，外设输入/输出）
001	I（输入过程暂存区）
010	Q（输出过程暂存区）
011	M（位存储区）
100	DBX（共享数据块）
101	DIX（背景数据块）
110	L（先前的本地数据，也就是说先前未完成块的本地数据）

③ 位 3 至位 18（bbbb bbbb bbbb bbbb）：被寻址地址的字节编号（0～65535）。

④ 位 0 至位 2（×××）：被寻地址的位编号。如果要用寄存器间接寻址方式访问一个字节、字或双字，则必须令指针中位的地址编号为 0。

下面举例说明如何使用两种指针格式实现区域内和区域间寄存器间接寻址。

例 2 - 1　区域内寄存器间接寻址。

L	P♯8.7	//将 2♯0000 0000 0000 0000 0000 0000 0100 0111 的双字指针装入累加器 1
LAR1		//将累加器 1 的内容传送至地址寄存器 1(AR1)，实现的是把一个指向位地址单元 8.7 的区内双字指针存放在 AR1 中
A	I[AR1,P♯0.0]	//地址寄存器 AR1 的内容(8.7)与偏移量(P♯0.0)相加结果为 8.7,指明是对输入位 I8.7 进行"与"操作(指令中明确给出存储区 I)
=	Q[AR1,P♯1.1]	//地址寄存器 AR1 的内容(8.7)与偏移量(P♯1.1)相加结果为 10.0,指明是对输出位 Q10.0 操作,即将上面"与"逻辑操作结果(RLO)赋值给 Q10.0

注：AR1 内容 8.7,即字节 8,位 7；偏移量 P♯1.1,即字节 1,位 1。当两者相加时,字节对字节相加按十进制,位与位相加按八进制,结果为 I0.0。

例 2 - 2　区域间寄存器间接寻址。

L	P♯I7.3	//将区间双字指针 I7.3,即 2♯1000 0001 0000 0000 0000 0000 0011 1011 装入累加器 1
LAR1		//将累加器 1 的内容(I7.3)传送至地址寄存器 AR1
L	P♯Q8.7	//将区间双字指针 Q8.7 即 2♯1000 0010 0000 0000 0000 0000 0100 0111 装入累加器 1
LAR2		//将累加器 1 的内容(Q8.7)传送至地址寄存器 AR2
A	[AR1,P♯0.0]	//对输入位 I7.3 进行"与"逻辑操作(地址寄存器 AR1 的内容 I7.3 与偏移量 P♯0.0 相加,结果为 I7.3)
=	[AR2,P♯1.1]	//将上面"与"逻辑操作结果(RLO)赋值给输出位 Q10.0(地址寄存器 AR2 的内容 Q8.7),与偏移量 P♯1.1 相加结果为 Q10.0

例 2 - 3　区域间寄存器间接寻址。

L	P♯I8.0	//将输入位 I18.0 的双字指针装入累加器 1
LAR2		//将累加器 1 的内容(I8.0)传送至地址寄存器 AR2
L	P♯M8.0	//将存储器位 M8.0 的双字指针装入累加器 1
LAR1		//将累加器 1 的内容(M8.0)传送至地址寄存器 AR1
L	B[AR2,P♯2.0]	//把输入字节 IB10 装入累加器 1(输入字节 10 为 AR2 中的 8 字节加偏移量 2 字节)
T	D[AR1,P♯56.0]	//把累加器 1 的内容装入存储双字 MD64(存储双字 64 为 AR1 中的 8 字节加偏移量 56 字节)

思考与练习

1. 西门子 S7 - 300 PLC 有哪些编址方法？简述默认值编址法的方法。

2. 当在 0 号机架的 5 号槽位上插入 16DI 模块、4 号槽位上插入 8AO 模块、6 号槽位上插入 8DI/8DO 模块时,它们的地址如何来确定？

3. 什么是梯形图指令？它有何特点？STEP7 中的梯形图指令有哪几种形式？分别举例

说明。

4. 什么是语句表指令? 它有何特点? STEP7 中的语句表指令有哪几种形式? 分别举例说明。

5. STEP7 中有哪些寻址方式? 分别叙述各方式表达的含义。

6. 什么叫做地址指针? 哪些地址方式用到地址指针?

下篇　实际应用

项目 3　S7 - 300 PLC 指令系统及编程

任务 1　使用位逻辑指令编写程序

任务引入

西门子 S7 - 300 PLC 具有丰富的指令系统,其中包括逻辑指令和功能指令两大类。逻辑指令包括位逻辑指令、定时器指令、计数器指令、字逻辑指令。掌握逻辑指令即可编写开关量或数字量控制程序了。

任务分析

通过本任务的学习,应了解和熟悉以下知识目标:

(1) 掌握位逻辑指令的应用。

(2) 能将由位逻辑指令组成的梯形图转换成指令表(语句表)形式。

(3) 能使用位逻辑指令编写程序。

相关知识

位逻辑指令处理的对象为二进制信号,二进制位信号只有 0 和 1 两种取值,位逻辑指令扫描信号状态 1 和 0 位,并根据布尔逻辑对它们进行组合,所产生的结果称为逻辑运算结果,存储在状态字的"RLO"中。

位逻辑指令是最常用的指令之一,主要有与指令、与非指令、或指令、或非指令、置位指令、复位指令和输出指令等。

1. 触点指令

A:AND,逻辑"与",电路或触点串联。

AN:AND NOT,逻辑"与非",常闭触点串联。

O:OR,逻辑"或",电路或触点并联。

ON :OR NOT,逻辑"或非",常闭触点并联。

X:XOR,逻辑"异或"。

XN:XOR NOT,逻辑"异或非"。

=:输出指令将操作结果 RLO 赋值给地址位,与线圈相对应。

与、与非及输出指令示例如图 3 - 1 所示,图(a)是梯形图,图(b)是与梯形图对应的指令表。当常开触点 I0.0 接通时,输出线圈 Q0.0 得电(Q0.0＝1),Q0.0 ＝1 实际上就是运算结果 RLO 的数值,I0.0 和 I0.2 是串联关系。

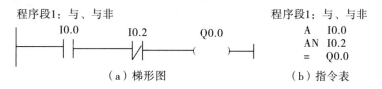

图 3－1　与、与非及输出指令示例

或、或非及输出指令示例如图 3－2 所示，当常开触点 I0.0 和常开触点 Q0.0 有一个接通时，输出线圈 Q0.0 得电（Q0.0＝1）。I0.0 和 Q0.0 是并联关系。

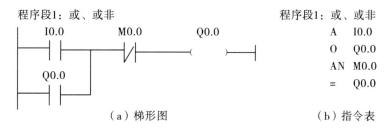

图 3－2　或、或非及输出指令示例

2. 取反指令

取反触点的中间标有"NOT"，用来将它左边电路的逻辑运算结果 RLO 取反，该运算结果若为 1 则变为 0，为 0 则变为 1，该指令没有操作数。图 3－3 为取反触点指令对应的梯形图和语句表。图（a）中的 I0.3 触点闭合时，Q4.5 的线圈断电。

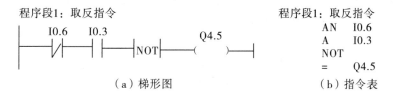

图 3－3　取反指令示例

3. 电路块的串联和并联

电路块的串联、并联电路如图 3－4、图 3－5 所示。触点的串并联指令只能将单个触

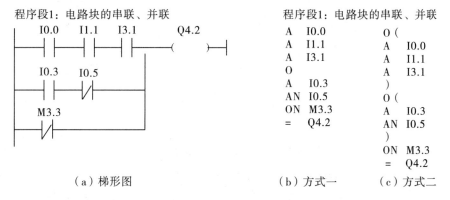

图 3－4　电路块的串、并联中先"与"后"或"的操作

点与其他触点的电路串并联。与逻辑代数的规则相同，进行逻辑运算时采用先"与"后"或"的规则。因此对应 STL 的先"与"后"或"操作有两种实现方式，如图 3 - 4(b)、(c)所示，对应的 STL 的先"或"后"与"操作只有一种实现方式，如图 3 - 5 所示，且必须使用括号来改变自然运算顺序。

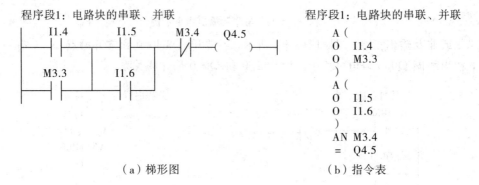

（a）梯形图   （b）指令表

图 3 - 5　电路块的串、并联中先"或"后"与"的操作

4. 中线输出指令

在梯形图设计时，如果一个逻辑串较长而不便于编辑，则可以将逻辑串分成几个段，前一段的逻辑运算结果(RLO)可作为中间输出，存储在位存储器中，该存储位可以当作一个触点出现在其他逻辑串中。中间标有"♯"号的中线输出线圈与其他触点串联，如同一个插入的触点。中间输出只能放在梯形图逻辑串的中间，而不能出现在最左端或最右端，图3 - 6(a)中的梯形图可以用中线输出指令等效为图 3 - 6(b)中的梯形图电路。

图 3 - 6(c)为相应梯形图对应的语句表。

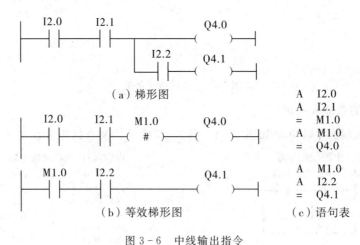

图 3 - 6　中线输出指令

5. 复位与置位指令

S：置位指令将指定的地址位置位(变为 1，并保持)。

R：复位指令将指定的地址位复位(变为 0，并保持)。

如图 3 - 7 所示为置位/复位指令应用例子。若 10.0 为 1，Q0.0 输出为 1，则之后即使 I0.0 为 0，Q0.0 仍保持为 1，直到 I0.1 为 1 时，Q0.0 才变为 0。这两条指令非常有用。

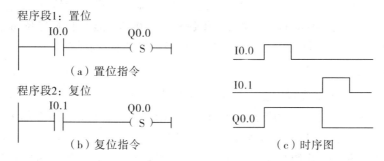

图 3 - 7　置位/复位指令

注意：置位/复位指令不一定要成对使用。

6. RS/SR 双稳态触发器

（1）RS：置位优先型 RS 双稳态触发器。如果 R 输入端的信号状态为"1"，S 输入端的信号状态为"0"，则复位 RS（置位优先型 RS 双稳态触发器）；否则，如果 R 输入端的信号状态为"0"，S 输入端的信号状态为"1"，则置位触发器。如果两个输入端的 RLO 状态均为"1"，则指令的执行顺序是最重要的。RS 触发器先在指定地址执行复位指令，然后执行置位指令，以使该地址在执行余下的程序扫描过程中保持置位状态。RS/SR 双稳态触发器示例如图 3 - 8 所示，也可用表 3 - 1 来表示该例子的输入与输出的对应关系。

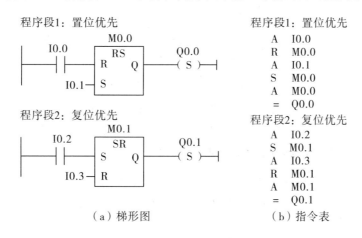

图 3 - 8　RS/SR 双稳态触发器

表 3 - 1　RS/SR 双稳态触发器输入与输出的对应关系

置位优先 RS				复位优先 SR			
输入状态		输出状态	说　明	输入状态		输出状态	说　明
I0.0	I0.1	Q0.0		I0.2	I0.3	Q0.1	
1	0	0	当各个状态断开后，输出状态保持	1	0	1	当各个状态断开后，输出状态保持
0	1	1		0	1	0	
1	1	1		1	1	0	

（2）SR：复位优先型 SR 双稳态触发器。如果 S 输入端的信号状态为"1"，R 输入端的信号状态为"0"，则置位 SR（复位优先型 SR 双稳态触发器）；否则，如果 S 输入端的信号

状态为“0”，R 输入端的信号状态为“1”，则复位触发器。如果两个输入端的 RLO 状态均为“1”，则指令的执行顺序是最重要的。SR 触发器先在指定地址执行置位指令，然后执行复位指令，以使该地址在执行余下的程序扫描过程中保持复位状态。

7. 边沿检测指令

边沿检测指令有下降沿检测指令和上升沿检测指令。

（1）下降沿检测指令示例的梯形图和指令表如图 3－9 所示，时序图如图 3－10 所示。由图 3－10 可知，当按钮 I0.0 按下后弹起时，将会产生一个下降沿，输出 Q0.0 得电一个扫描周期，该时间较短，肉眼分辨不出来。因此，若 Q0.0 控制的是一盏灯，那么肉眼是不能分辨出灯已经亮了一个扫描周期。

程序段1：下降沿

（a）梯形图

程序段1：下降沿

```
A   I0.0
FN  M0.0
=   Q0.0
```

（b）指令表

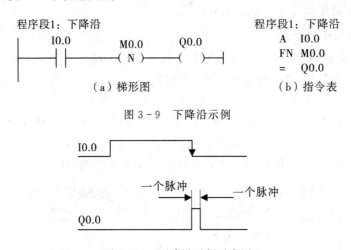

图 3－9　下降沿示例

图 3－10　下降沿示例时序图

（2）上升沿检测指令示例的梯形图和指令表如图 3－11 所示，时序图如图 3－12 所示。由图 3－12 可知，当按钮 I0.0 按下时，将会产生一个上升沿，输出 Q0.0 得电一个扫描周期，而且无论按钮闭合多长时间，输出 Q0.0 只得电一个扫描周期。

程序段1：上升沿

（a）梯形图

程序段1：上升沿

```
A   I0.0
FP  M0.0
=   Q0.0
```

（b）指令表

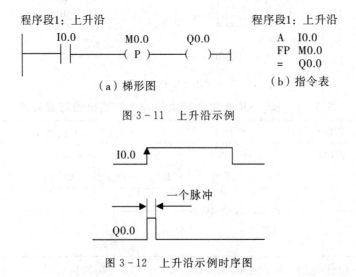

图 3－11　上升沿示例

图 3－12　上升沿示例时序图

任务实施

1. 用逻辑指令实现对电动机正反转的控制

1）控制要求

利用 PLC 控制电动机的运行，能实现正转、反转的可逆运行。

2）训练要达到的目的

（1）掌握元件自锁、互锁的设计方法。

（2）掌握过载保护的实现方法。

（3）掌握外部接线图的设计方法，学会实际接线。

3）控制要求分析

在电气控制中，具有双重互锁的电动机正反转控制，可使用交流接触器接线来实现。如图 3 - 13 所示。

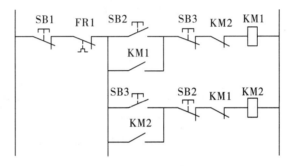

图 3 - 13　具有双重互锁的电动机正反转控制原理图

使用 PLC 控制时，各元件之间的逻辑关系不再通过接线来实现，而是通过画梯形图来表现图 3 - 13 中的逻辑关系。PLC 是通过指令去实现控制的，所以称为程序逻辑。

梯形图设计不是将电气控制原理图翻译成梯形图。你可以不懂电气控制原理图，但你一定要知道电气元件的控制过程和控制要求，然后根据这些内容去设计梯形图。

4）实训设备

CPU 314 - 2DP PLC 一台。

电路控制板（由空气开关、交流接触器、热继电器、熔断器组成）一块。

0.5 kW 4 极三相异步电动机一台。

5）设计步骤

（1）打开编程软件，创建新项目。在电脑桌面上双击 S7 编程软件图标，打开 S7 编程软件，利用"向导"创建新项目，按提示一步一步进行。如图 3 - 14 所示，为创建新建项目的第一步，按"下一步"按钮，进入第二步，选择 CPU 型号，如图 3 - 15 所示。

注意：本教材选用的 CPU 型号是 CPU314 C - 2 DP，也可根据实际情况选择合适的 CPU 型号。MPI 地址默认为 2。

点击图 3 - 15 所示的"下一步"，进入图 3 - 16 所示的"块"选择和"编程语言"选择，根据编程的需要，我们编程只用到循环块，所以勾选主程序块"OB1"，然后确认编程语言为梯形图语言"LAD"。再点击"下一步"进入图 3 - 17 所示的项目名称创建，给新建项目取名为"S7 - Pro48 正反转"，最后点击"完成"键，即完成了新建项目的创建。

图 3-14　新建项目的第一步

图 3-15　选择 CPU 型号

图 3-16 编程所用的块和语言的选择

图 3-17 项目名称的创建

  (2) I/O 地址的设置。在程序编辑器中选中"SIMATIC 300 站点",在编辑区中打开"硬件",如图 3 - 18 所示,然后进行硬件组态。

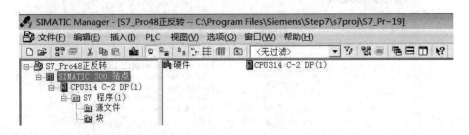

图 3 - 18　打开硬件

  图 3 - 19 所示为硬件组态的界面,因为在新建项目中已经点选了项目的 CPU 型号为 CPU314 C - 2 DP,所以打开"硬件"后,在机架(0)UR 上 CPU 已存在,只要再在 1 号槽中添加电源 PS307 2A,机架(0)UR 上的模块即添加完毕。CPU314 C - 2 DP 为组合模块,在机架(0)UR 上选中 2.2 DI24/DO16,双击打开,进行 I/O 地址修改。

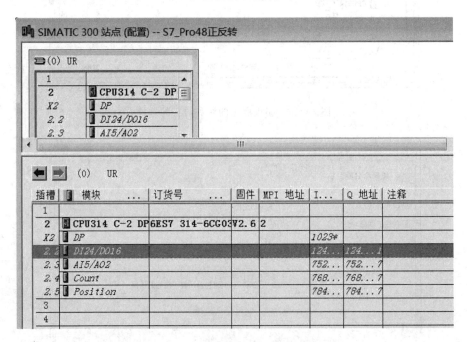

图 3 - 19　选中需修改地址的模块

  如图 3 - 20 所示,去掉"系统默认"前面的"√",将 I/O 地址改为我们习惯使用的 0 字节,统一改为"0"开始的字节,再点击"确定"按钮返回。此时,输入地址改为 0~2 字节,输出地址改为 0~1 字节,如图 3 - 21 所示。

  I/O 地址修改好后,一定要"编译并保存",然后下载到 PLC 中。

  使用这种方法,可以将 I/O 地址修改为我们设置的地址,这样我们编程使用的 I/O 地址就与 PLC 的地址一致了。如果不这样做,就会造成编程用的 I/O 地址与 PLC 的硬件地址不一致的现象,后果就是程序执行时没有输入和输出。即硬件中设置的地址是多少,程序中使用的地址就是多少,须保持一致。

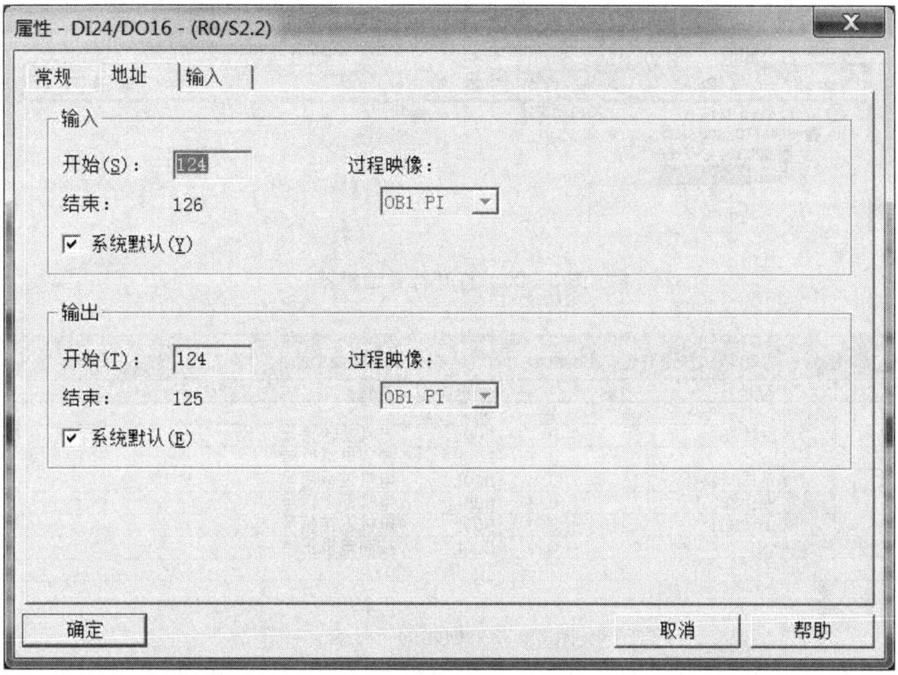

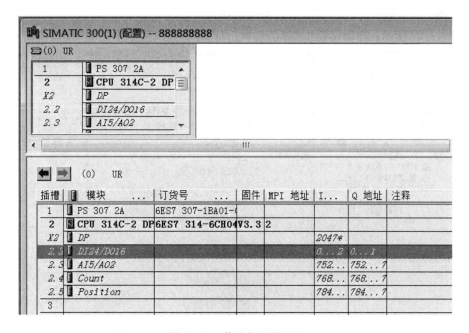

图 3 - 20　修改 I/O 地址

图 3 - 21　修改好后的地址

注：每次编程时都要进行这一步骤，在后面的"任务实施"中，将不再赘述。

（3）创建编程符号。如图 3 - 22 所示，在编辑器中选中"S7 程序（1）"，在编辑器右边双击打开"符号"，对编程使用的 I/O 地址创建符号。符号名可以使用汉字、英文字母、下划线等。本项目要创建的符号表如图 3 - 23 所示。符号创建完后一定要保存。

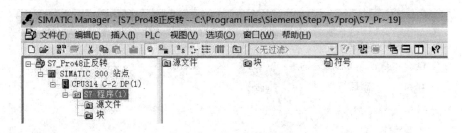

图 3-22 打开符号编辑器

S7 程序(1) (符号) -- S7_Pro48正反转\SIMATIC 300 站点\CPU314 C-2 DP(1)

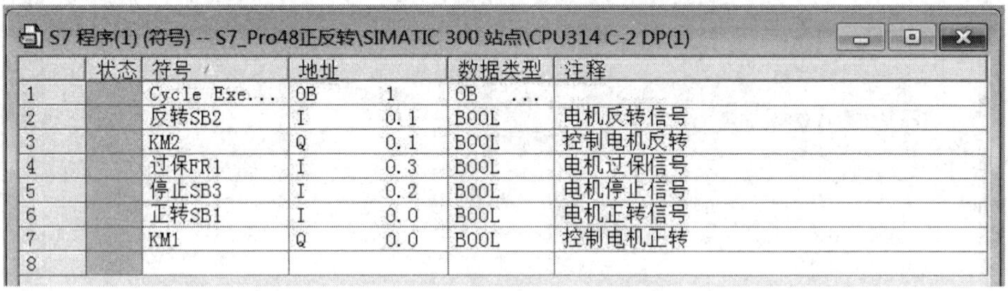

	状态	符号	地址		数据类型	注释
1		Cycle Exe...	OB	1	OB ...	
2		反转SB2	I	0.1	BOOL	电机反转信号
3		KM2	Q	0.1	BOOL	控制电机反转
4		过保FR1	I	0.3	BOOL	电机过保信号
5		停止SB3	I	0.2	BOOL	电机停止信号
6		正转SB1	I	0.0	BOOL	电机正转信号
7		KM1	Q	0.0	BOOL	控制电机正转
8						

图 3-23 创建的符号表

(4) 设置 PG/PC 接口。有时当我们编写完程序下载到 PLC 中时，电脑会提示“通信错误”或“适配器故障”等信息。出现这种故障的原因大部分是因为我们设置的通信接口不正确而造成的，此时可按下述步骤重新设置通信接口。

如图 3-24 所示，在编辑器中打开“选项(O)”，在下拉菜单中选择“设置 PG/PC 接口(I)”，将会弹出如图 3-25 所示的“设置 PG/PC 接口”对话框，选中“PC Adapter USB A2(MPI)<激活>”选项，按“确定”按钮返回。

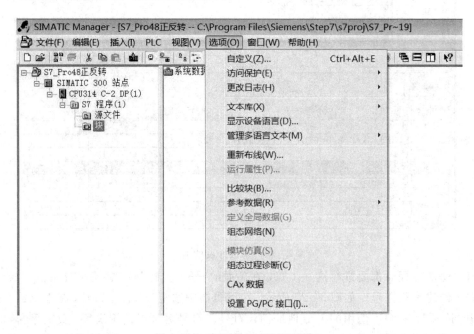

图 3-24 打开设置 PG/PC 接口

图 3 - 25　重新选定接口

（5）主程序的编写。如图 3 - 26 所示，在编辑器中选中"块"，在右边的编辑区中双击打开"OB1"，即可进入主程序编辑区。编写的主程序如图 3 - 27 所示。

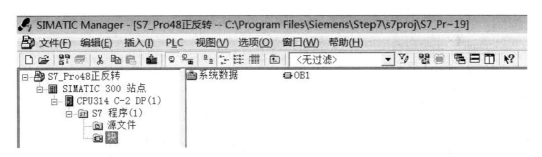

图 3 - 26　打开主程序编辑区

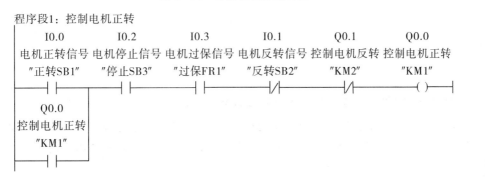

程序段2：控制电机反转

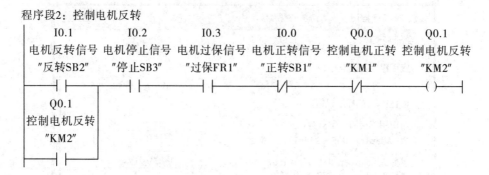

图 3 - 27 PLC 控制电动机正反转梯形图

（6）外部接线图的绘制。电动机正反转控制的可编程控制器的外部接线图如图 3 - 28 所示。

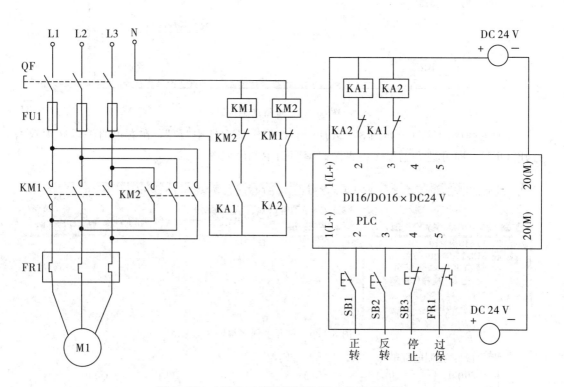

图 3 - 28 电动机正反转控制的 PLC 外部接线图

2. 使用置位/复位指令实现对电动机正反转的控制

使用置位/复位指令编写电动机正反转控制程序时，元件符号与图 3 - 23 所示相同。梯形图如图 3 - 29 所示。由图可见，使用置位/复位指令后，不需要使用自锁，程序变得更加简洁。

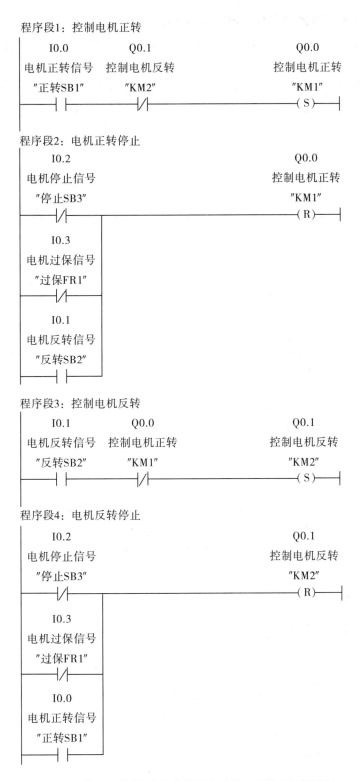

图 3 - 29　使用置位/复位指令编写电动机正反转控制梯形图

3. 用 SR 双稳态触发器指令实现对电动机正反转的控制

使用 SR 双稳态触发器指令编写电动机正反转控制程序，元件符号与图 3 - 23 所示相同。梯形图如图 3 - 30 所示。由图可见，使用 SR 双稳态触发器指令后，不需要使用自锁，程序变得更加简洁。当按下按钮 I0.2 后，由于复位优先，电动机无论正转或者反转都会停下来，当复位按钮未按下，且电动机处于停止状态时，按下按钮 I0.0 电动机正转，按下按钮 I0.1 电动机反转。

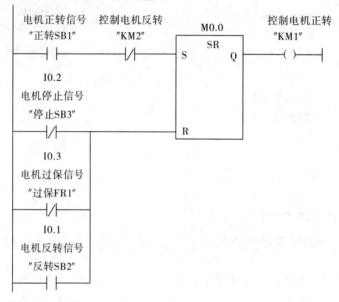

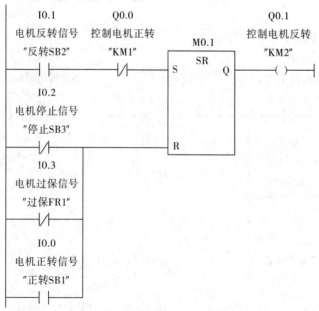

图 3 - 30　使用 SR 双稳态触发器指令编写电动机正反转梯形图

4. 读程序并画时序图

边沿检测指令应用示例梯形图如图 3 - 31 所示。如果按钮 I0.0 按下闭合 1 s 后弹起，请分析程序运行结果，并画出元件动作时序图。

程序段1：边沿检测指令

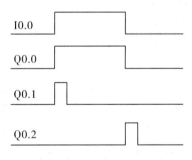

图 3 - 31　边沿检测指令应用示例

时序图如图 3 - 32 所示，当 I0.0 压下时，产生上升沿，触点产生一个扫描周期的时钟脉冲，驱动输出线圈 Q0.1 通电一个扫描周期，Q0.0 也通电，使输出线圈 Q0.0 置位，并保持。

当按钮 I0.0 弹起时，产生下降沿，触点产生一个扫描周期的时钟脉冲，驱动输出线圈 Q0.2 通电一个扫描周期，使输出线圈 Q0.0 复位，并保持 Q0.0 得电共 1 s。

图 3 - 32　边沿检测指令时序图

 思考与练习

1. 标准触点指令有哪几种？分述其功能。

2. 输出指令有哪几种？分述其功能。

3. 输出线圈指令的操作数能否使用输入映像储存区 I 的"位地址"？试说明原因。

4. 说明触发器指令的功能。触发器指令有几种？它们有何区别？

5. 说明触发器指令和置位/复位指令在功能上的区别。

6. 跳变沿（边沿）检测指令有哪几种？试分述其功能。

7. 设计题：机床电路的控制。

控制要求如下：

（1）某机床电路有主轴电动机、进给电动机共两台。

（2）进给电动机只有在主轴电动机启动运行后才能启动运行。

（3）主轴电动机能实现点动和长动。

（4）进给电动机能实现正反转运行。

（5）停止运行时，只有在进给电动机停止运转后，主轴电动机才能停止运转。

（6）程序和电路要能实现短路、过载、失压、欠压保护。

任务 2　使用定时器指令编写程序

任务引入

在控制任务中，经常需要使用各种各样的定时功能。SIMATIC S7 提供了一定数量的具有不同功能的定时器，分别是接通延时定时器 SD、保持型接通延时定时器 SS、断开延时定时器 SF、脉冲定时器 SP 和扩展脉冲定时器 SE。掌握这些定时器的使用方法，将会给我们的编程带来极大的便利。

任务分析

通过本任务的学习，应了解和熟悉以下知识目标：

（1）掌握 5 种定时器的结构和工作原理。

（2）熟悉 5 种定时器的方框指令。

（3）会正确使用 5 种定时器的线圈指令和参数。

（4）会使用接通延时定时器编写程序。

相关知识

STEP 7 的定时器指令相当于继电器接触器控制系统中的时间继电器。定时器的数量随 CPU 的类型不同，从 32 个到 512 个不等，一般而言足够用户使用。

1. 定时器的种类

STEP 7 的定时器指令较为丰富，除了常用的接通延时定时器（SD）和断开延时定时器（SF）以外，还有脉冲定时器（SP）、扩展脉冲定时器（SE）和保持型接通延时定时器（SS）共 5 类。

2. 定时器的使用

定时器有其存储区域，每个定时器有一个 16 位的字和一个二进制的值。定时器的字存放当前定时值，二进制的值表示定时器的接点状态。

1）启动和停止定时器

在梯形图中，定时器的 S 端子可以使能定时器，而定时器的 R 端子可以复位定时器。

2）设置定时器的定时时间

STEP7 中的定时时间由时基和定时值组成，定时时间为时基和定时值的乘积。例如，定时值为 1000，时基为 0.01 s，那么定时时间就是 10 s，很多 PLC 的定时都是采用这种方式。定时器开始工作后，定时值不断递减，递减至零，表示时间到，定时器会相应动作。

定时器字的格式如图 3－33 所示，其中第 12 和 13 位（即 m 和 n）是定时器的时基代码，时基代码的含义见表 3－2。定时的时间值以 3 位 BCD 码格式存放，位于 0～11（即 a～l），范围为 0～999。第 14 位和 15 位不用。

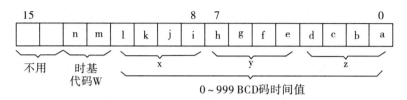

图 3－33　定时器字的格式

定时时间有两种表达方式，即十六进制数表示和 S5 时间格式表示。前者的格式为：W#16#wxyz，其中 w 是时间基准代码，xyz 是 BCD 码的时间值。例如，时间表述为：W#16#1222，则定时时间为 $222 \times 0.1 \text{ s} = 22.2 \text{ s}$。

表 3－2　时基与定时范围对应表

时基二进制代码	时基	分辨率（s）	定时范围
00	10 ms	0.01	10 ms～9 s_990 ms
01	100 ms	0.1	100 ms～1 min_39 s_900 ms
10	1 s	1	1 s～16 min_39 s
11	10 s	10	10 s～2 h_46 min_30 s

S5 时间格式为：S5T#aH_bM_cS_dMS，其中 a 表示小时，b 表示分钟，c 表示秒，d 表示毫秒，含义比较明显。例如，S5T#1H_2M_3S 表示定时时间为 1 小时 2 分 3 秒。这里的时基是 PLC 自动选定的。

3. 脉冲时间定时器（SP）

脉冲时间定时器（SP）：产生指定时间宽度脉冲的定时器。当逻辑位有上升沿时，脉冲定时器指令启动计时，同时节点立即输出高电平"1"，直到定时器时间到，定时器输出为"0"。脉冲时间定时器可以将长信号变成指定宽度的脉冲。如果定时时间未到，而逻辑位的状态变成"0"时，定时器停止计时，输出也变成低电平。脉冲的定时器线圈指令和参数见表 3－3 所示。

表 3－3　脉冲的定时器线圈指令和参数

LAD	参数	数据类型	存储区	说明
T no. —(SP)	T no.	TIMER	T	表示要启动的定时器号
	时间值	S5TIME	I、Q、M、D	定时器时间值

用一个例子来说明脉冲定时器的使用，梯形图如图 3－34 所示，对应的时序图如图 3－35 所示。可以看出，当 I0.0 接通的时间长于 1 s，Q0.0 输出 1 的时间是 1 s，而当 I0.0

接通的时间为 0.5 s（小于 1 s）时，Q0.0 输出 1 的时间是 0.5 s，无论 I0.0 是否接通，只要 I0.1 接通，定时器即复位，Q0.0 输出为 0。

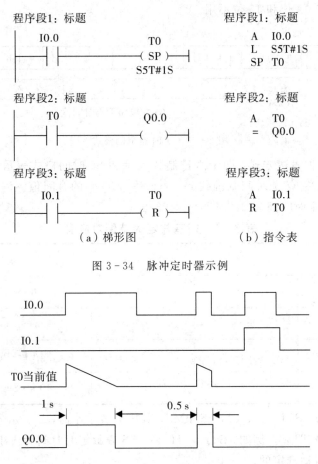

图 3-34 脉冲定时器示例

图 3-35 脉冲定时器的时序图

STEP 7 除了提供脉冲的定时器线圈指令外，还提供较复杂的方框指令来实现相应的定时功能。脉冲定时器方框指令和参数见表 3-4 所示。

表 3-4 脉冲定时器方框指令和参数

LAD	参 数	数据类型	说 明	存储区
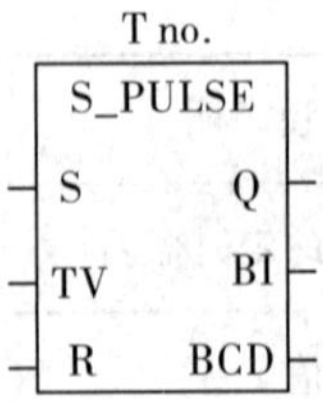	T no.	TIMER	要启动的定时器号，如 T0	T
	S	BOOL	启动输入端	
	TV	S5TIME	定时时间（S5TIME 格式）	
	R	BOOL	复位输入端	I，Q，M，D，L
	Q	BOOL	定时器的状态	
	BI	WORD	当前时间（整数格式）	
	BCD	WORD	当前时间（BCD 码格式）	

　　脉冲定时器方框指令的示例如图 3 – 36 所示，本例时序图和运行结果与图 3 – 34 所示是完全相同的，而且程序更为简洁。

4. 扩展脉冲时间定时器（SE）

　　扩展脉冲时间定时器（SE）和脉冲时间定时器（SP）指令相似，但 SE 指令具有保持功能。扩展脉冲时间定时器的线圈指令和参数如表 3 – 5 所示。

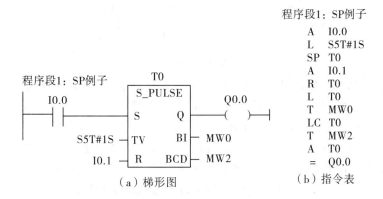

图 3 – 36　脉冲定时器方框指令示例

表 3 – 5　扩展脉冲时间定时器的线圈指令和参数

LAD	参数	数据类型	存储区	说　明
T no. —(SE)	T no.	TIMER	T	表示要启动的定时器号
	时间值	S5TIME	I、Q、M、D、L	定时器时间值

　　用一个例子来说明 SE 线圈指令的使用，梯形图和指令表如图 3 – 37 所示，对应的时序图如图 3 – 38 所示。当 I0.0 有上升沿时，定时器 T0 启动，同时 Q0.0 输出高电平"1"，

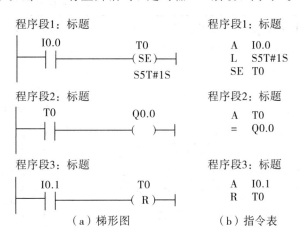

图 3 – 37　扩展脉冲定时器示例

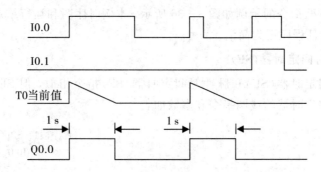

图 3-38　扩展脉冲定时器示例的时序图

定时时间到后，输出自动变为"0"（尽管此时 I0.0 仍然闭合），当 I0.0 有上升沿时，且闭合时间没有到定时时间，Q0.0 仍然输出为"1"，直到定时时间到为止。无论在什么情况下，只要复位输入端起作用，本例为 I0.1 闭合，则定时器即复位，输出为"0"。

　　STEP 7 除了提供扩展脉冲的定时器线圈指令外，还提供更加复杂的方框指令来实现相应的定时功能。扩展脉冲定时器方框指令和参数如表 3-6 所示。

表 3-6　扩展脉冲定时器方框指令和参数

LAD	参数	数据类型	说　明	存储区
T no. S_PEXT S　　Q TV　BI R　BCD	T no.	TIMER	要启动的定时器号，如 T0	T
	S	BOOL	启动输入端	I、Q、M、D、L
	TV	S5TIME	定时时间（S5TIME 格式）	
	R	BOOL	复位输入端	
	Q	BOOL	定时器的状态	
	BI	WORD	当前时间（整数格式）	
	BCD	WORD	当前时间（BCD 码格式）	

　　扩展脉冲定时器方框指令的示例如图 3-39 所示，本例时序图和运行结果与图 3-37 所示完全相同，而且程序更为简洁。

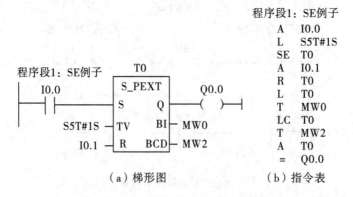

```
程序段1：SE例子
A    I0.0
L    S5T#1S
SE   T0
A    I0.1
R    T0
L    T0
T    MW0
LC   T0
T    MW2
A    T0
=    Q0.0
```

（a）梯形图　　　　（b）指令表

图 3-39　扩展脉冲定时器方框指令

5. 接通延时定时器（SD）

接通延时定时器（SD）相当于继电器接触器控制系统中的通电延时时间继电器。通电延时继电器的工作原理是：线圈通电，触点延时一段时间后动作。SD 指令是当逻辑位接通时，定时器开始定时，计时过程中，定时器的输出为"0"，定时时间到，输出为"1"，整个过程中，逻辑位要接通，若逻辑位断开，则输出为"0"。接通延时定时器较为常用。接通延时定时器的线圈指令和参数如表 3 – 7 所示。

表 3 – 7　接通延时定时器的线圈指令和参数

LAD	参　数	数据类型	存储区	说　　明
T no. —（SD）	T no.	TIMER	T	表示要启动的定时器号
	时间值	S5TIME	I、Q、M、D、L	定时器时间值

用一个例子来说明 SD 指令的使用，梯形图和指令表如图 3 – 40 所示，对应的时序图如图 3 – 41 所示。当 I0.0 闭合时，定时器 T0 开始定时，定时 1 s 后（I0.0 一直闭合），Q0.0 输出高电平"1"，若 I0.0 的闭合时间不足 1 s，Q0.0 输出为"0"；若 I0.0 断开，Q0.0 输出为"0"。无论何种情况，只要复位输入端起作用，本例为 I0.1 闭合，则定时器复位，Q0.0 输出为"0"。

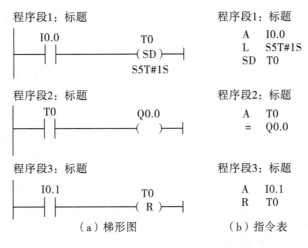

（a）梯形图　　　　　（b）指令表

图 3 – 40　接通延时定时器

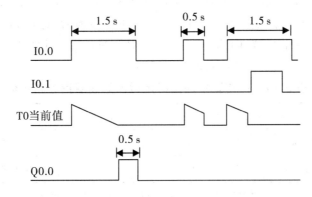

图 3 – 41　接通延时定时器的时序图

STEP 7 除了提供接通延时定时器线圈指令外，还提供更加复杂的方框指令来实现相应的定时功能。接通延时定时器方框指令和参数如表 3-8 所示。

表 3-8 接通延时定时器方框指令和参数

LAD	参数	数据类型	说 明	存储区
	T no.	TIMER	要启动的定时器号，如 T0	T
	S	BOOL	启动输入端	
	TV	S5TIME	定时时间(S5TIME 格式)	
	R	BOOL	复位输入端	I, Q, M, D, L
	Q	BOOL	定时器的状态	
	BI	WORD	当前时间(整数格式)	
	BCD	WORD	当前时间(BCD 码格式))	

接通延时定时器方框指令的示例如图 3-42 所示，本例时序图和运行结果和图 3-40 所示完全相同。从图中可以看出，图 3-42 的程序更为简洁。

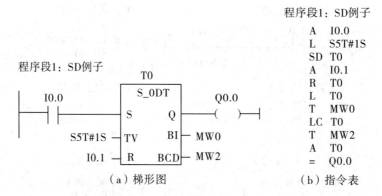

（a）梯形图

程序段1：SD例子

```
A   I0.0
L   S5T#1S
SD  T0
A   I0.1
R   T0
L   T0
T   MW0
LC  T0
T   MW2
A   T0
=   Q0.0
```

（b）指令表

图 3-42 接通延时定时器方框指令

6. 保持型接通延时定时器(SS)

保持型接通延时定时器(SS)与接通延时定时器(SD)类似，但 SS 定时器具有保持功能。一旦逻辑位有上升沿发生，定时器将会启动计时，延时时间到，输出高电平"1"，即使逻辑位为"0"也不影响定时器的工作。注意：必须使用复位指令才能使定时器复位。保持型接通延时定时器的线圈指令和参数如表 3-9 所示。

表 3-9 保持型接通延时定时器的线圈指令和参数

LAD	参 数	数据类型	存储区	说 明
T no. —(SS)	T no.	TIMER	T	表示要启动的定时器号
	时间值	S5TIME	I、Q、M、D、L	定时器时间值

用一个例子来说明 SS 线圈指令的使用，梯形图和指令表如图 3-43 所示，对应的时序图如图 3-44 所示。当 I0.0 闭合产生一个上升沿时，定时器 T0 开始定时，定时 1s 后(无

论 I0.0 是否闭合），Q0.0 输出为高电平"1"，直到复位有效为止，本例为 I0.1 闭合产生上升沿，定时器复位，Q0.0 输出为低电平"0"。

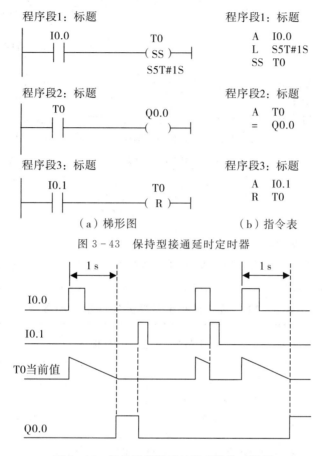

（a）梯形图　　　（b）指令表

图 3 - 43　保持型接通延时定时器

图 3 - 44　保持型接通延时定时器的时序图

STEP 7 除了提供保持型接通延时定时器线圈指令外，还提供较复杂的方框指令来实现相应的定时功能。保持型接通延时定时器方框指令和参数如表 3 - 10 所示。

表 3 - 10　保持型接通延时定时器方框指令和参数

LAD	参数	数据类型	说　明	存储区
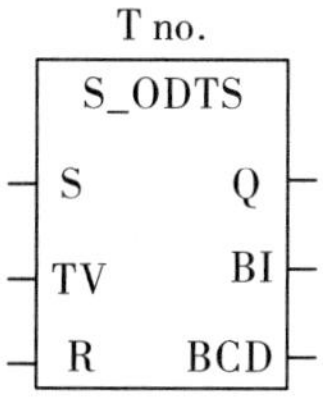	T no.	6TIMER	要启动的定时器号，如 T0	T
	S	BOOL	启动输入端	
	TV	S5TIME	定时时间（S5TIME 格式）	
	R	BOOL	复位输入端	
	Q	BOOL	定时器的状态	I，Q，M，D，L
	BI	WORD	当前时间（整数格式）	
	BCD	WORD	当前时间（BCD 码格式）	

保持型接通延时定时器方框指令的示例如图 3-45 所示,本例时序图和运行结果与图 3-43 所示完全相同。从图 3-45 可以看出,程序更为简洁。

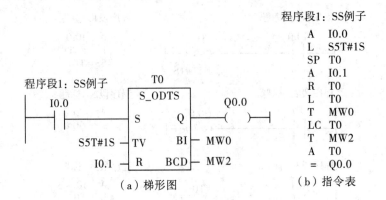

图 3-45 保持型接通延时定时器方框指令

7. 断开延时定时器(SF)

断开延时定时器(SF)相当于继电器控制系统的断电延时时间继电器,是定时器指令中唯一一个由下降沿启动的定时器指令。断开延时定时器的线圈指令和参数见表 3-11。

表 3-11 断开延时定时器的线圈指令和参数

LAD	参数	数据类型	存储区	说 明
T no. —(SF)	T no.	TIMER	T	表示要启动的定时器号
	时间值	S5TIME	I、Q、M、D、L	定时器时间值

用一个例子来说明 SF 线圈指令的使用,梯形图和指令表如图 3-46 所示,对应的时序图如图 3-47 所示。当 I0.0 闭合时,Q0.0 输出高电平"1",当 I0.0 断开时产生一个下降沿,定时器 T0 开始定时,定时 1 s 后(无论 I0.0 是否闭合),定时时间到,Q0.0 输出为低电平"0"。任何时候复位有效时,定时器 T0 定时停止,Q0.0 输出为低电平"0"。

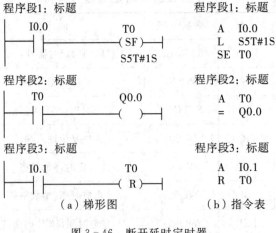

图 3-46 断开延时定时器

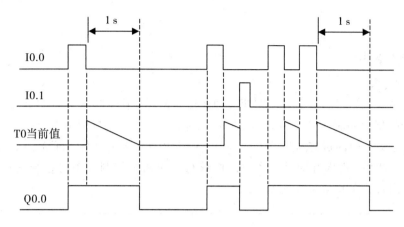

图 3 - 47　断开延时定时器的时序图

STEP 7 除了提供断开延时定时器线圈指令外，还提供较复杂的方框指令来实现相应的定时功能。断开延时定时器方框指令和参数见表 3 - 12。

表 3 - 12　断开延时定时器方框指令和参数

LAD	参数	数据类型	说　明	存储区
	T no.	TIMER	要启动的定时器号，如 T0	T
	S	BOOL	启动输入端	
	TV	S5TIME	定时时间（S5TIME 格式）	
	R	BOOL	复位输入端	
	Q	BOOL	定时器的状态	I,Q,M,D,L
	BI	WORD	当前时间（整数格式）	
	BCD	WORD	当前时间（BCD 码格式）	

断开延时定时器方框指令的示例如图 3 - 48 所示，本例时序图和运行结果与图 3 - 46 所示完全相同。从图可以看出，图 3 - 48 而且程序更为简洁。

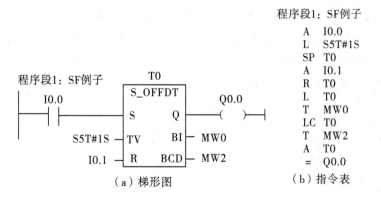

图 3 - 48　断开延时定时器方框指令

任务实施

1. 交通灯控制

1) 控制要求

十字路口交通灯的设置如下：东西方向车流量较小，南北方向车流量较大。因此南北方向的放行（绿灯亮）时间较长为 30 s，东西方向的放行（绿灯亮）时间为 20 s。当东西方向的绿灯灭时，该方向的黄灯与另一方向的红灯一起以 1 Hz 的频率闪烁 3 s，以提醒司机和行人的注意，然后，立即开始另一个方向的放行。用两个控制开关对系统进行启停控制。交通灯工作时序图如图 3 – 49 所示。

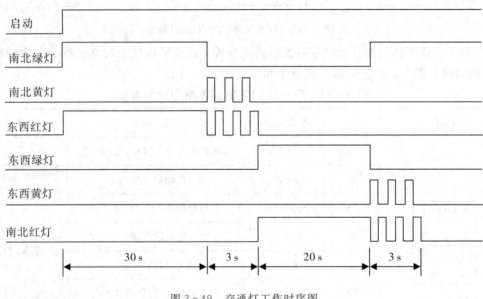

图 3 – 49　交通灯工作时序图

2) 训练要达到的目的

(1) 掌握在 STEP7 中建立符号表的方法。

(2) 掌握定时器的使用方法。

3) 控制要求分析

首先对输入/输出进行地址分配，根据要求分析可知，PLC 需要两个输入，6 个输出（分别控制南北绿灯、南北黄灯、南北红灯、东西绿灯、东西黄灯和东西红灯），在 STEP 7 中建立的符号表如图 3 – 50 所示，从符号表中可见输入/输出的地址。

	状态	符号	地址		数据类型	注释
1		Cycle Exe...	OB	1	OB 1	
2		EW_green	Q	4.3	BOOL	东西绿灯
3		EW_red	Q	4.5	BOOL	东西红灯
4		EW_yellow	Q	4.4	BOOL	东西黄灯
5		SN_green	Q	4.0	BOOL	南北绿灯
6		SN_red	Q	4.2	BOOL	南北红灯
7		SN_yellow	Q	4.1	BOOL	南北黄灯
8		start	I	0.0	BOOL	启动开关
9		stop	I	0.1	BOOL	停止开关
1						

图 3 – 50　在 STEP 7 中建立的符号表

根据题目要求可知，需要 4 个定时器：T1～T4，定时时间分别为 30 s、3 s、20 s 和 3 s。1 Hz 的闪烁频率则通过时间存储器 M20.5 来实现（M20 设置为时钟存储字节），时钟存储字节的第 5 位能产生频率为 1 Hz 的脉冲。M20 设定方法如下：

如图 3-51 所示，打开 CPU 的"属性"对话框，选择"周期/时钟存储器"选项卡，其中有一区域为"时钟存储器"，选中该选择框即可激活此功能。在时钟存储器区域输入想为该项功能设置的 MB 的地址，如需要使用 MB20，则直接输入 20 即可。时钟存储器的功能是对所定义的 MB 的各个位周期性地改变其二进制的值（占空比为 1:1），时钟存储器各位的周期及频率如表 3-13 所示。

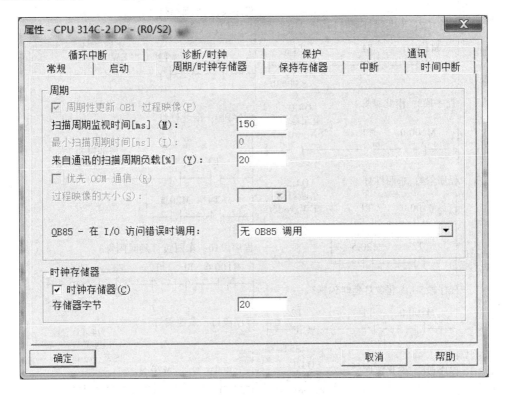

图 3-51　设置 Clock Memory

表 3-13　时钟存储器各位的周期及频率

位序	7	6	5	4	3	2	1	0
周期/s	2	1.6	1	0.8	0.5	0.4	0.2	0.1
频率/Hz	0.5	0.625	1	1.25	2	2.5	5	10

4）实训设备

CPU 314-2 DP PLC 一台。

交通灯控制板一块。

5）设计步骤

（1）I/O 分配。I/O 分配如图 3-50 所示。

（2）交通灯控制程序。使用脉冲时间定时器编写的交通灯控制梯形图程序如图 3 - 52 所示。

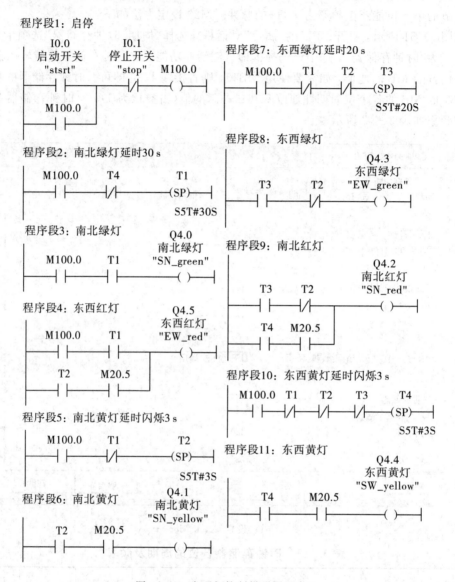

图 3 - 52　交通灯控制梯形图程序 1

梯形图中，有以下几点需要注意：

① 脉冲定时器（SP）不延时时其常闭触点是闭合的，只有当脉冲定时器延时时，其常闭触点才断开。所以程序段 2、5、7 和 10 的定时器前都必须加 M100.0。

② 程序段 5、7 和 10 的定时器前加 T1、T2、T3 的常闭触点，是保证定时器必须等到 T1、T2、T3 延时时间到，该定时器才能得电。

③ 辅助继电器 M20.5 的周期是 1 s，即其常开触点闭合 0.5 s，断开 0.5 s。

使用接通延时定时器编写的交通灯控制梯形图程序如图 3 - 53 所示。

（3）外部接线图。PLC 的外部接线图如图 3 - 54 所示。

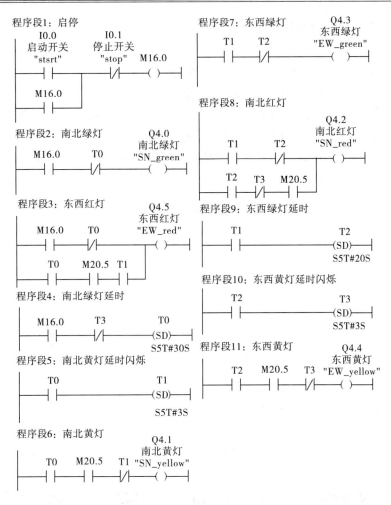

图 3 - 53　交通灯梯形图程序 2

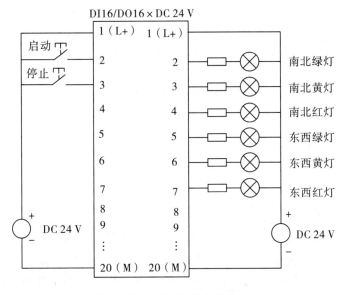

图 3 - 54　PLC 的外部接线图

2. 电动机顺序启停控制程序的设计

1) 控制要求

如图 3-55(a)所示，某传输线由两条顺序相连的运输带组成，1 号运输带由电动机 Motor_1 拖动，2 号运输带由电动机 Motor_2 拖动。

按物流要求，为了避免运送的物料在 1 号运输带上堆积，启动时应先启动 2 号运输带，延时 5 s 后自动启动 1 号运输带；停止时为了避免物料的堆积，应尽量将皮带上的余料清理干净，使下一次可以轻载启动，停机的顺序应与启动的顺序相反，即按了停止按钮后，1 号运输带立即停机，10 s 后再停 2 号运输带。其工作时序如图 3-55(b)所示。

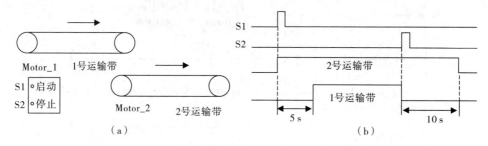

图 3-55　运输带控制系统及其时序图

2) 训练要达到的目的

(1) 尝试使用不同方式编写同一个程序。

(2) 进一步掌握定时器的使用方法。

3) 控制要求分析

首先对输入/输出地址进行分配，见图 3-56 所示。由控制要求可知，需要两个定时器，分别为 T1 和 T2，我们可以使用接通延时定时器进行编程。

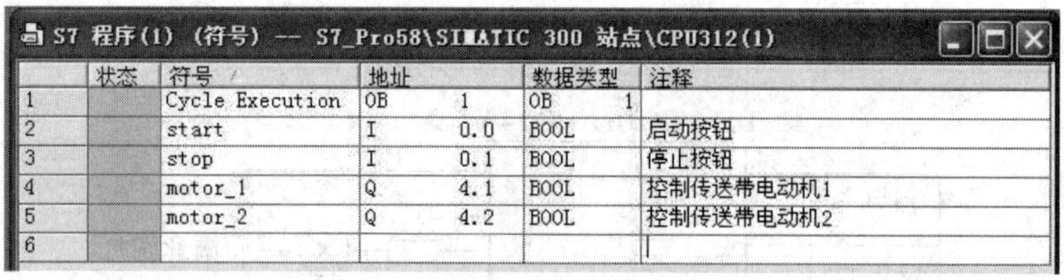

	状态	符号	地址		数据类型	注释
1		Cycle Execution	OB	1	OB 1	
2		start	I	0.0	BOOL	启动按钮
3		stop	I	0.1	BOOL	停止按钮
4		motor_1	Q	4.1	BOOL	控制传送带电动机1
5		motor_2	Q	4.2	BOOL	控制传送带电动机2
6						

S7 程序(1)(符号)—— S7_Pro58\SIMATIC 300 站点\CPU312(1)

图 3-56　输入/输出地址分配

4) 实训设备

CPU 314-2DP PLC 一台。

异步电动机两台。

按钮两个。

5) 设计步骤

(1) I/O 分配。I/O 分配如图 3-56 所示。

(2) 使用接通延时定时器设计程序。使用接通延时定时器设计的电动机顺序启停控制程序如图 3-57 所示，其中图(a)为线圈指令形式的程序，图(b)为块指令形式的程序。

图 3-57(a)中，当按下启动按钮 S1 时，程序段 1 中 I0.0 的常开触点接通，T1 的线圈通电，开始定时，同时 Q4.2(控制传送带电动机 2)状态为 1，Motor_2 启动；5 s 后定时时

间到，程序段 3 中 T1 常开触点接通，使 Q4.1（控制传送带电动机 1）状态为 1，Motor_1 启动完成顺序启动。当按下停止按钮 S2 时，程序段 4 中 I0.1 的常开触点接通，T2 的线圈通电，开始定时，同时程序段 3 中 M100.1 的常闭触点断开，Q4.1 状态为 0，Motor_1 立即停机；10 s 后定时时间到，程序段 1 中 T2 的常闭触点断开，使 M100.0 的线圈失电，其程序段 2 中的常开触点 M100.0 断开，这样 Q4.2 状态为 0，Motor_2 停机。

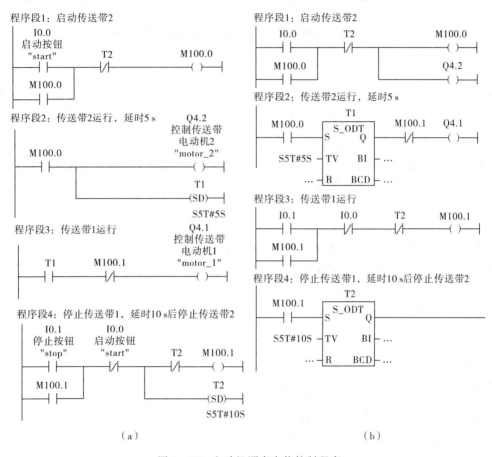

（a）　　　　　　　　　　　　　　　　（b）

图 3-57　电动机顺序启停控制程序

（3）外部接线图。PLC 的外部接线图比较简单，读者可以自行设计。

 思考与练习

1. S7-300 PLC 的定时值设定方法有哪两种？分别用在什么地方？举例说明。

2. 解释 W♯16♯3118 指令的含义，其时基是多少？定时时间是多少？

3. S7-300 PLC 的定时器有哪几种？每一种的特征是什么？

4. 如何检测定时器当前剩余时间？

5. 设计一振荡电路。要求如下：当输入接通时，输出 Q4.0 闪烁，接通和断开交替进行。接通时间为 1 s，断开时间为 2 s。

6. 设计 PLC 控制程序，使 Q4.0 输出周期为 5 s，占空比为 1∶4 的连续脉冲信号。

7. 设计一个对锅炉鼓风机和引风机控制的梯形图程序。控制要求如下：

（1）开机时首先启动引风机，10 s 后自动启动鼓风机；

（2）停机时立即关断鼓风机，20 s 后自动关断引风机。

8. 按下启动按钮 I0.0，Q4.0 控制的电动机运行 30 s，然后自动断电，同时 Q4.1 控制的制动电磁铁开始通电，10 s 后自动断电。用扩展脉冲定时器和断电延时定时器设计控制电路。

9. 按下启动按钮 I0.0，Q4.0 延时 10 s 后变为 ON，按下停止按钮 I0.1，Q4.0 变为 OFF，利用保持型接通延时定时器设计程序。

任务 3   使用计数器指令编写程序

任务引入

我们在编写程序时经常会碰到计数的问题，计数器的任务就是完成计数功能，并可以实现加计数和减计数。在西门子 S7 - 300 PLC 中，计数器的种类有三种，分别是加计数器（S_CU）、减计数器（S_CD）和加减计数器（S_CUD）。学习这三种计数器的使用方法，并能正确使用它们编写程序，是本次任务要完成的目标。

任务分析

通过本任务的学习，应了解和熟悉以下知识目标：

（1）掌握计数器的结构和工作原理。

（2）熟悉计数器的方框指令。

（3）会正确使用计数器的线圈指令和参数。

（4）会使用加计数器编写程序。

相关知识

计数器的功能是完成计数，实现加法计数和减法计数，计数范围是 0～999。计数器有 3 种类型：加计数器（S_CU）、减计数器（S_CD）和加减计数器（S_CUD）。

1. 计数器的存储区

在 CPU 的存储区中，为计数器保留有存储区。该存储区为每个计数器地址保留一个 16 位的字。计数器的存储格式如图 3 - 58 所示，其中 BCD 码格式的计数值占用字的 0～

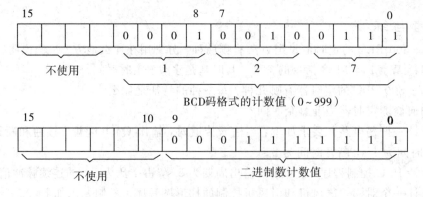

图 3 - 58   计数器字的格式

11 位，共 12 位，而 12～15 位不使用；二进制格式的计数值占用字的 0～9 位，共 10 位，而 10～15 位不使用。梯形图指令支持 256 个计数器。

2. 加计数器（S_CU）

加计数器（S_CU）在计数初始值预置输入端 S 上有上升沿时，PV 装入预置值，输入端 CU 每检测到一次上升沿，当前计数值 CV 加 1（前提是 CV 小于 999）；当前计数值大于 0 时，Q 输出为高电平"1"；当 R 端子的状态为"1"时，计数器复位，当前计数值 CV 为"0"，输出也为"0"。加计数器指令和参数见表 3-14。

表 3-14　加计数器指令和参数

LAD	参数	数据类型	说　明	存储区
	C no.	COUNTER	要启动的计数器号，如 C0	C
	CU	BOOL	加计数输入	
	S	BOOL	计数初始值预置输入端	
	PV	WORD	初始值的 BCD 码	
	R	BOOL	复位输入端	I、Q、M、D、L
	Q	BOOL	计数器的状态输出	
	CV	WORD	当前计数值（整数格式）	
	CV_BCD	WORD	当前计数值（BCD 码格式）	

加计数器的示例程序如图 3-59 所示，其中左边程序为块图指令形式，右边程序为相应的线圈指令形式，它们实现相同的计数功能。线圈指令中标有"SC"的线圈为计数器初值预置线圈，标有"CU"的线圈为加计数器线圈。

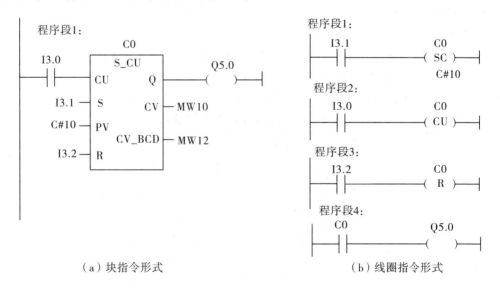

（a）块指令形式　　　　　　　　　　（b）线圈指令形式

图 3-59　加计数器指令的示例程序

在预置输入端 I3.1 有上升沿信号时，用 PV 指定的值（本例中为 10）预置加计数器。当加计数脉冲输入信号端 I3.0 有上升沿信号时，如果计数值小于 999，则计数值加 1，当前值从 10 变为 11，再有上升沿信号时，当前值从 11 变为 12，依此类推。

复位输入端 I3.2 有信号时，计数器被复位，计数值被清零。

当预置输入端 I3.1 没有上升沿信号，加计数脉冲输入端 I3.0 有上升沿信号时，计数值加 1，当前值从 0 变为 1，当 I3.0 再有上升沿信号时，当前值从 1 变为 2，依此类推。计数中，如果预置输入端 I3.1 有上升沿信号，则计数器又从预置值 10 开始计数。

计数值大于 0 时，计数器的输出 Q5.0 为 1；计数值为 0 时，Q5.0 变为 0。

如果在设置计数器时 CU 输入为 1，则即使信号没有变化，下一扫描周期也会计数。加计数器指令示例时序图如图 3 - 60 所示。

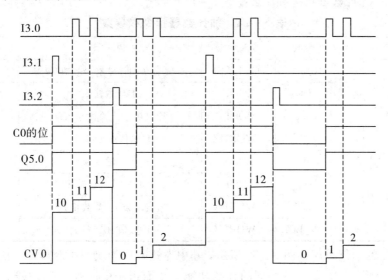

图 3 - 60　加计数器指令示例时序图

3. 减计数器（S_CD）

减计数器（S_CD）在计数初始值预置输入端 S 上有上升沿时，PV 装入预置值，输入端 CD 每检测到一次上升沿，当前计数值 CV 减 1（前提是 CV 值大于 0）。当 CV 等于 0 时，计数器的输出 Q 从状态"1"变成状态"0"；当 R 端子的状态为"1"时，计数器复位，当前计数值"CV"为"0"，输出也为"0"。减计数器指令和参数见表 3 - 15。

表 3 - 15　减计数器指令和参数

LAD	参数	数据类型	说　明	存储区
	C no.	COUNTER	要启动的计数器号，如 C0	C
C no.	CD	BOOL	减计数输入	
S_CD	S	BOOL	计数初始值预置输入端	
CD　　Q	PV	WORD	初始值的 BCD 码	
S　　CV	R	BOOL	复位输入端	I、Q、M、D、L
PV	Q	BOOL	计数器的状态输出	
R CV_BCD	CV	WORD	当前计数值（整数格式）	
	CV_BCD	WORD	当前计数值（BCD 码格式）	

　　减计数器的示例程序如图 3 - 61 所示,其中左边程序为块图指令形式,右边程序为相应的线圈指令形式,它们实现相同的计数功能。线圈指令中标有"CD"的线圈为减计数器线圈。

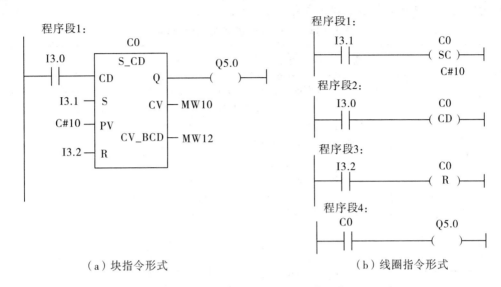

（a）块指令形式　　　　　　　　　　　　　（b）线圈指令形式

图 3 - 61　减计数器指令的示例程序

　　在图 3 - 61 中,当输入 I3.1 有上升沿信号时,用 PV 指定的值预置减计数器。在减计数输入端 I3.0 有上升沿信号时,如果计数值大于 0,则计数值减 1。当复位输入端 I3.2 有信号时,计数器被复位,计数值被清零。当计数值大于 0 时,计数器的输出 Q5.0 为 1;当计数值为 0 时,Q5.0 也为 0。

　　如果在设置计数器时 CD 输入为 1,那么即使信号没有变化,下一扫描周期也会计数。减计数器指令的示例时序图如图 3 - 62 所示。

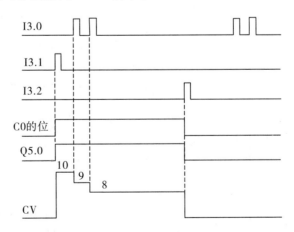

图 3 - 62　减计数器指令的示例时序图

4. 加-减计数器（S_CUD）

　　加-减计数器（S_CUD）在计数初始时预置输入端 S 上有上升沿信号,PV 装入预置值,输入端 CD 每检测到一次上升沿,当前计数值 CV 减 1（前提是 CV 值大于 0）;输入端 CU

每检测到一次上升沿，当前计数值 CV 加 1（前提是 CV 值小于 999）；当 CD 和 CU 同时有上升沿时，CV 不变；计数值大于 0 时，计数器的输出 Q 为状态为"1"；计数值等于 0 时，计数器的输出 Q 状态为"0"；当 R 端子的状态为"1"时，计数器复位，当前计数值为"0"，输出也为"0"。加-减计数器指令和参数见表 3-16。

表 3-16　加-减计数器指令和参数

LAD	参数	数据类型	说　明	存储区
	C no.	COUNTER	要启动的计数器号，如 C0	C
	CD	BOOL	减计数输入	
	CU	BOOL	加计数输入	
C no. S_CUD CU　Q CD S CV PV R CV_BCD	S	BOOL	计数初始值预置输入端	
	PV	WORD	初始值的 BCD 码	I、Q、M、D、L
	R	BOOL	复位输入端	
	Q	BOOL	计数器的状态输出	
	CV	WORD	当前计数值（整数格式）	
	CV_BCD	WORD	当前计数值（BCD 码格式）	

加-减计数器的示例程序如图 3-63 所示，其中，(a)图程序为块指令形式，(b)图程序为相应的线圈指令形式，它们实现的计数功能相同。

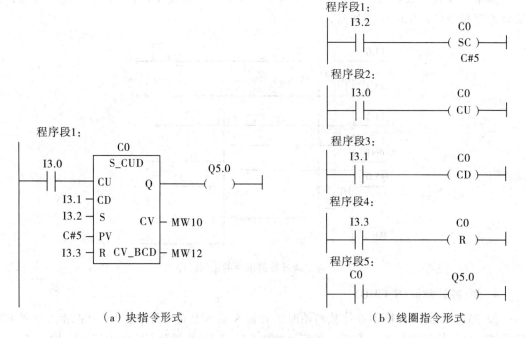

（a）块指令形式　　　　　　　　　　（b）线圈指令形式

图 3-63　加-减计数器指令的示例程序

加-减计数器指令示例的时序图如图 3 - 64 所示。

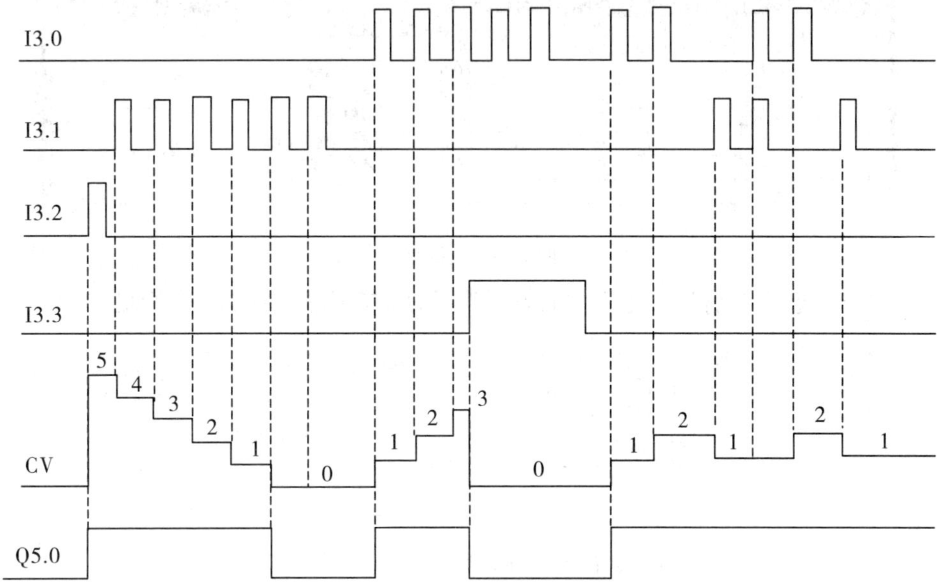

图 3 - 64 加-减计数器指令示例的时序图

任务实施

1. 报警闪烁灯控制

1）控制要求

某装置正常运行时，运行指示灯绿灯亮，当装置发生故障时，绿灯灭，报警指示灯红灯先以 1 s 为周期闪烁 10 次，然后再以 0.5 s 为周期一直闪烁，直到故障解除为止。

2）训练要达到的目的

（1）掌握程序的设计的方法。

（2）掌握计数器的使用方法。

3）控制要求分析

如图 3 - 51 所示打开 CPU 的属性对话框，选择"周期/时钟存储器"选项卡，其中有一区域为"时钟存储器"，选中选择框就可激活该功能。在时钟存储器区域输入"20"，时钟存储器各位的周期及频率如表 3 - 14 所示。由表可知，周期为 1 s 的闪烁程序可选用 M20.5，周期为 0.5 s 的闪烁程序可选用 M20.3。

4）实训设备

CPU 314 - 2 DP PLC 一台。

报警闪烁灯控制板一块。

5）设计步骤

（1）I/O 分配。I/O 分配如图 3 - 65 所示。

S7 程序(1) (符号) -- S7_Pro58\SIMATIC 300 站点\CPU312(1)

	状态	符号	地址		数据类型	注释
1		Cycle Execution	OB	1	OB 1	
2		启动	I	0.0	BOOL	启动信号
3		停止	I	0.1	BOOL	停止信号
4		报警	I	0.3	BOOL	报警信号
5		红灯	Q	4.1	BOOL	装置报警指示灯
6		绿灯	Q	4.2	BOOL	装置正常指示灯
7						

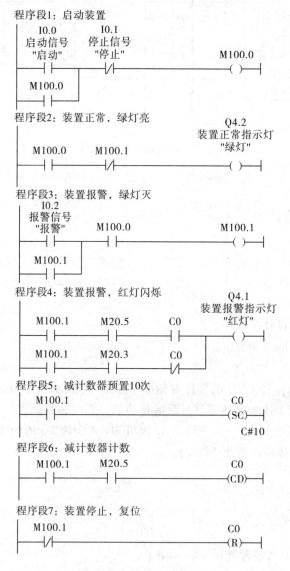

图 3－65　符号表

（2）报警闪烁灯控制程序。使用减计数器编写的报警闪烁灯梯形图程序如图 3－66 所示。

图 3－66　报警闪烁灯程序

（3）外部接线图。PLC 的外部接线图如图 3－67 所示。

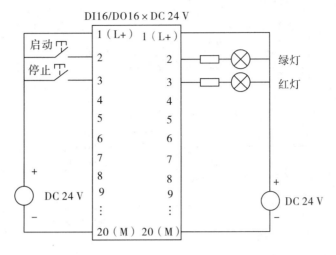

图 3－67　PLC 的外部接线图

2. 定时器与计数器的配合使用以及扩展延时时间

1）控制要求

使用定时器、计数器，设计一个延时 10 h 的程序。

2）训练要达到的目的

(1) 掌握将计数器当定时器用的程序设计方法。

(2) 体会不同的编程方法，记住一些经典的程序，可以用到自己的程序当中。

3）控制要求分析

计数器用于对各种脉冲计数，但有时也可将计数器当定时器使用，当定时器延时时间不够用时，计数输入端输入的标准时钟脉冲也可以作为定时器使用。一般定时器延时时间不到 3 h，但计数器与定时器组合使用可设计长延时的定时器。

4）实训设备

CPU 314－2DP PLC 一台。

灯板一块。

5）设计步骤

(1) I/O 分配。I/O 分配如图 3－68 所示。

S7 程序(1) (符号) -- S7_Pro59扩展延时时间\SIMATIC 300 站点\CPU314...

	状态	符号	地址		数据类型	注释
1		Cycle Execution	OB	1	OB 1	
2		启动	I	0.0	BOOL	
3		停止	I	0.1	BOOL	
4		灯	Q	4.0	BOOL	
5						

图 3－68　输入/输出地址分配

(2) 使用计数器、定时器编写程序，如图 3－69 所示。

图 3－69 中，I0.0 接通对计数器 C0 置计数初值，I0.0 闭合开始时，用接通延时定时器 T0、T1 产生周期为 1 h 的脉冲序列。利用 T0 触点对 C0 减计数，当 C0 减为 0 后，其常闭触点闭合，Q4.0 为 0，表示 10 h 延时时间到。

程序段1：启停

```
    I0.0        I0.1
   "启动"       "停止"        T2        M100.0
  ──┤├──────────┤/├─────────┤/├────────( )──
  M100.0
  ──┤├──
```

程序段2：延时30分钟时间

```
   M100.0        T1         C0          T0
  ──┤├──────────┤/├────────┤├─────────(SD)──
                                     S5T#30M
```

程序段3：延时30分钟时间

```
    T0                                  T1
  ──┤├──────────────────────────────(SD)──
                                     S5T#30M
```

程序段4：预置10次，即（30 m+30 m）× 10 = 10 h

```
    I0.0       M100.1                   C0
   "启动"
  ──┤├────────( P )──────────────────(SC)──
                                      C#10
```

程序段5：减计数

```
    T0                                  C0
  ──┤├──────────────────────────────(CD)──
```

程序段6：10小时后，灯灭，定时器T2延时10 ms，断开程序段1

```
                                      Q4.0
                                      "灯"
   M100.0        C0
  ──┤├──────────┤├──────────────────( )──
                 C0                   T2
                ─┤/├────────────────(SD)──
                                    S5T#10MS
```

程序段7：复位

```
   M100.0                              C0
  ──┤/├──────────────────────────────( R )──
```

图 3 - 69　接通延时 10 h 梯形图程序

　　程序延时时间到时，虽然灯 Q4.0 灭，但程序段 1 的启停程序并没有断开，此时用 T2 延时 10 ms 断开启停程序，并不影响程序的完整性。

　　注意：不要利用定时器自身的触点来断开定时器，然后利用该定时器常开触点产生的脉冲当作计数器的计数信号，因为该信号计数器检测不到，所以计数器不能计数。这一点与 S7 - 200 PLC 不同。

　　（3）外部接线图。PLC 的外部接线图比较简单，读者可以自行设计。

 思考与练习

　　1. 简述 S7 - 300 PLC 计数器的动作过程。

　　2. 简述 S7 - 300 PLC 计数器的类型及其特征。

　　3. 如何监视计数器当前值的剩余计数值？

　　4. 设计一个 4h40min 的长延时电路程序。

　　5. 控制要求：第一次按按钮时指示灯亮，第二次按按钮时指示灯闪亮，第三次按按钮时指示灯灭,如此循环。试编写梯形图程序。

6. 控制要求:用一个按钮控制两盏灯,第一次按下时第一盏灯亮,第二盏灯灭;第二次按下时第一盏灯灭,第二盏灯亮;第三次按下时两盏灯均灭。试编写梯形图程序。

7. 用 PLC 实现报警灯的控制。

控制要求:

(1) 某装置,正常运行时,信号灯绿灯亮;当 PLC 的输入继电器检测到故障报警信号后,信号灯绿灯灭,报警红灯以 2 Hz 的频率闪亮,同时蜂鸣器鸣叫。

(2) 报警红灯以 2 Hz 的频率闪亮 10 次后,如果还没有工作人员来排除故障,报警红灯接着按间隔 0.3 s 的时间进行闪亮,蜂鸣器继续鸣叫。直到有工作人员来排除故障,才停止 PLC 的运行。

试编写梯形图程序。

任务 4　使用比较指令编写交通灯控制程序

任务引入

我们在编程时会经常碰到数据的传送、数据的比较、数据格式的转换等问题,这就需要用到传送指令、比较指令和数据转换指令等使用比较广泛的功能指令。学习这些功能指令的使用方法,并能正确使用它们来编写程序,是本次任务要完成的目标。

任务分析

通过本任务的学习,应了解和熟悉以下知识目标:

1. 掌握传送指令的使用。

2. 掌握比较指令的使用。

3. 掌握转换指令的使用。

4. 会使用比较指令编写程序。

相关知识

1. 传送指令(MOVE)

当 EN 输入端的状态为"1"时,将会启动此指令,将 IN 端的数值输送到 OUT 端的目的地址中,IN 和 OUT 有相同的信号状态,传送指令(MOVE)的指令及参数见表 3 - 17。

表 3 - 17　传送指令(MOVE)指令及参数

LAD	参　数	数据类型	说　明	存储区
MOVE EN　ENO IN　OUT	EN	BOOL	允许输入	I、Q、M、D、L
	ENO	BOOL	允许输出	
	OUT	所有长度为 8、16 或 32 位的基本数据类型	目的地址	
	IN		源数据源	

用一个例子来说明传送指令（MOVE）的使用，梯形图如图 3 – 70 所示。当 I0.0 闭合时，MW20 中的数值（假设为 8）传送到目的地址 MW22 中，结果是 MW20 和 MW22 中的数值都是 8。Q4.0 的状态与 I0.0 相同。也就是说，当 I0.0 闭合时，Q4.0 为"1"；当 I0.0 断开时，Q4.0 为"0"。

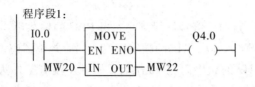

图 3 – 70   传送指令梯形图

2. 比较指令

STEP7 提供了丰富的比较指令，可以满足用户的各种需要。STEP 7 中的比较指令可以对下列数据类型的数值进行比较。

（1）两个整数的比较（每个整数为 16 位）。

（2）两个双整数的比较（每个双整数为 32 位）。

（3）两个实数的比较（每个实数为 32 位）。

注意：使用比较指令的前提是数据类型必须相同。一个整数和一个双整数是不能直接进行比较的，因为它们之间的数据类型不同。一般是先将整数转换成双整数，再对两个双整数进行比较。

比较指令有等于（EQ）、不等于（NQ）、大于（GT）、小于（LQ）、大于或等于（GE）和小于或等于（LE）。比较指令对输入 IN1 和 IN2 进行比较，如果比较结果为"真"，则逻辑运算结果 RLO 为"1"，反之则为"0"。

1）等于比较指令

等于比较指令有整数等于比较指令、双整数等于比较指令和实数等于比较指令 3 种。整数等于比较指令和参数见表 3 – 18。

表 3 – 18   整数等于比较指令和参数

LAD	参数	数据类型	说　明	存储区
CMP ==I IN1 IN2	IN1	INT	比较的第一个数值	I、Q、M、D、L
	IN2	INT	比较的第二个数值	

用一个例子来说明整数等于比较指令，梯形图如图 3 – 71 所示。当 I0.0 闭合时，激活比较指令，将 MW0 中的整数和 MW2 中的整数进行比较，若两者相等，则 Q4.0 输出为"1"，若两者不相等，则 Q4.0 输出为"0"。当 I0.0 不闭合时，Q4.0 的输出为"0"。IN1 和 IN2 可以为常数。

双整数等于比较指令和实数等于比较指令的使用方法与整数等于比较指令类似，只不过 IN1 和 IN2 的参数类型分别为双整数和实数。

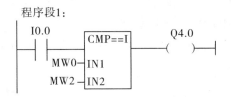

图 3 - 71 整数等于比较指令示例

2）不等于比较指令

不等于比较指令有整数不等于比较指令、双整数不等于比较指令和实数不等于比较指令 3 种。整数不等于比较指令和参数见表 3－19。

表 3 - 19 整数不等于比较指令和参数

LAD	参数	数据类型	说　明	存储区
CMP <>I ─IN1 ─IN2	IN1	INT	比较的第一个数值	I、Q、M、D、L
	IN2	INT	比较的第二个数值	

用一个例子来说明整数不等于比较指令，梯形图如图 3 - 72 所示。当 I0.0 闭合时，激活比较指令，MW0 中的整数和 MW2 中的整数比较，若两者不相等，则 Q4.0 输出为"1"，若两者相等，则 Q4.0 输出为"0"。在 I0.0 不闭合时，Q4.0 的输出为"0"。IN1 和 IN2 可以为常数。

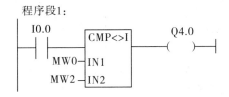

图 3 - 72 整数不等于比较指令示例

双整数不等于比较指令和实数不等于比较指令的使用方法与整数不等于比较指令类似，只不过 IN1 和 IN2 的参数类型分别为双整数和实数。

3）小于比较指令

小于比较指令有整数小于比较指令、双整数小于比较指令和实数小于比较指令 3 种。双整数小于比较指令和参数见表 3－20。

表 3 - 20 双整数小于比较指令和参数

LAD	参数	数据类型	说　明	存储区
CMP> = R ─IN1 ─IN2	IN1	DINT	比较的第一个数值	I、Q、M、D、L
	IN2	DINT	比较的第二个数值	

用一个例子来说明双整数小于比较指令，梯形图如图 3-73 所示。当 I0.0 闭合时，激活双整数小于比较指令，MD0 中的双整数和 MD4 中的双整数比较，若前者小于后者，则 Q4.0 输出为"1"，否则 Q4.0 输出为"0"。在 10.0 不闭合时，Q4.0 的输出为"0"。IN1 和 IN2 可以为常数。

程序段1:

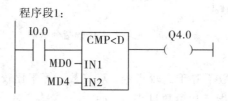

图 3-73　双整数小于比较指令示例

整数小于比较指令和实数小于比较指令的使用方法与双整数小于比较指令类似，只不过 IN1 和 IN2 的参数类型分别为整数和实数。

4）大于等于比较指令

大于等于比较指令有整数大于等于比较指令、双整数大于等于比较指令和实数大于等于比较指令 3 种。实数大于等于比较指令和参数见表 3-21。

表 3-21　实数大于等于比较指令和参数

LAD	参数	数据类型	说　明	存储区
CMP>= R —IN1 —IN2	IN1	REAL	比较的第一个数值	I、Q、M、D、L
	IN2	REAL	比较的第二个数值	

用一个例子来说明实数大于等于比较指令，梯形图如图 3-74 所示。当 I0.0 闭合时，激活比较指令。MD0 中的实数和 MD4 中的实数比较，若前者大于或者等于后者，则 Q4.0 输出为"1"，否则 Q4.0 输出为"0"。当 I0.0 不闭合时，Q4.0 的输出为"0"。IN1 和 IN2 可以为常数。

程序段1:

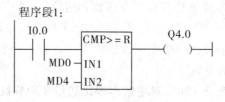

图 3-74　实数大于等于比较指令示例

整数大于等于比较指令和双整数大于等于比较指令的使用方法与实数大于等于比较指令类似，只不过 IN1 和 IN2 的参数类型分别为整数和双整数。

小于等于比较指令和小于比较指令类似，大于比较指令和大于等于比较指令类似，在此不再赘述这两种比较指令。

3. 转换指令

转换指令是将一种数据格式转换成另外一种数据格式并进行存储。例如，要将一个整型数据和双整型数据进行算术运算，一般是将整型数据转换成双整型数据。

1) BCD 转换成整数（BTI）

（1）BCD 码的格式。BCD 码是比较有用的，3 位格式如图 3-75 所示，二进制的 0～3位是个位，4～7 位是十位，8～11 位是百位，12～15 位是符号位。7 位格式如图 3-76 所示，二进制的 0～3 位是个位，4～7 位是十位，8～11 位是百位，12～15 位是千位，16～19位是万位，20～23 位是十万位，24～27 位是百万位，28～31 位是符号位。

图 3-75　3 位 BCD 码的格式

图 3-76　7 位 BCD 码的格式

（2）BCD 转换成整数指令（BTI）。BCD 转换成整数指令是将 IN 指定的内容以 BCD 码二～十进制格式读出，并将其转换为整数格式，输出到 OUT 端。如果 IN 端指定的内容超出 BCD 码的范围（例如，4 位二进制数出现 1010～1111 的几种组合），则在执行指令时将会发生错误，使 CPU 进入 STOP 方式。BCD 转换成整数指令和参数见表 3-22。

表 3-22　**BCD 转换成整数指令和参数**

LAD	参数	数据类型	说明	存储区
BCD_I EN ENO IN OUT	EN	BOOL	使能（允许输入）	I、Q、M、D、L
	IN	WORD	输入的 BCD 数	
	ENO	BOOL	允许输出	
	OUT	INT	BCD 的整数	

用一个例子来说明 BCD 转换成整数指令，梯形图如图 3-77 所示。当 I0.0 闭合时，激活 BCD 转换成整数指令，IN 中的 BCD 数用十六进制表示为 16#22（就是十进制的22），转换完成后 OUT 端的 MW0 中的整数的十六进制是 16#16。

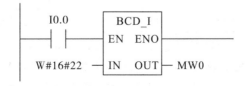

图 3-77　BCD 转换成整数指令示例

2）整数转换成 BCD（ITB）

整数转换成 BCD 指令是将 IN 端指定的内容以整数的格式读入，然后再将其转换为 BCD 码格式输出到 OUT 端。如果 IN 端的整数大于 999，则 PLC 不停机，仍然正常运行。由于字的 BCD 码最大只能表示 C♯999（最高 4 位为符号位）。若 IN 端的内容大于 999，CPU 将 IN 端的内容直接送到 OUT 端输出，不经过 I_BCD 的转换。这时 OUT 输出的内容可能超出 BCD 码的范围。另外，OUT 端的内容若为 BCD 码，也有可能是超过 999 的整数转换出来的，例如整数 2457 通过 I_BCD 指令以后，OUT 的值为 C♯999。因此在使用 I_BCD 指令时应该保证整数小于等于 999。此外，如果 IN 端的整数为负整数时，转换出的 BCD 码最高 4 位为"1"。整数转换成 BCD 指令和参数见表 3 – 23。

表 3 – 23　整数转换成 BCD 指令和参数

LAD	参数	数据类型	说　明	存储区
I_BCD EN　ENO IN　OUT	EN	BOOL	使能（允许输入）	I、Q、M、D、L
	IN	INT	输入的整数	
	ENO	BOOL	允许输出	
	OUT	WORD	BCD 的整数	

用一个例子来说明整数转换成 BCD 指令，梯形图如图 3 – 78 所示。当 I0.0 闭合时，可激活整数转换成 BCD 指令，IN 中的整数存储在 MW0 中（假设用十六进制表示为 16♯16），转换完成后 OUT 端的 MW2 中的 BCD 数是 22。

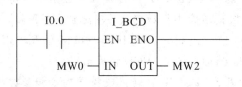

图 3 – 78　整数转换成 BCD 指令示例

3）整数转换成双整数（ITD）

整数转换成双整数指令是将 IN 端指定的内容以整数的格式读入，然后将其转换为双整数码格式输出到 OUT 端。整数转换成双整数指令和参数见表 3 – 24。

表 3 – 24　整数转换成双整数指令和参数

LAD	参数	数据类型	说　明	存储区
I_DINT EN　ENO IN　OUT	EN	BOOL	使能（允许输入）	I、Q、M、D、L
	IN	INT	输入的整数	
	ENO	BOOL	允许输出	
	OUT	DINT	整数转化成双整数	

用一个例子来说明整数转换成双整数指令，梯形图和指令表如图 3 – 79 所示。当 I0.0 闭合时，可激活整数转换成双整数指令，IN 中的整数存储在 MW0 中（假设用十六进制表示为 16♯0016），转换完成后 OUT 端的 MD4 中的双整数是 16♯0000 0016。

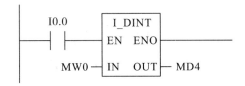

图 3 - 79 整数转换成双整数指令示例

4）双整数转换成实数（DTR）

双整数转换成实数指令是将 IN 端指定的内容以双整数的格式读入，然后将其转换为实数码格式输出到 OUT 端。双整数转换成实数指令和参数见表 3 - 25。

表 3 - 25 双整数转换成实数指令和参数

LAD	参数	数据类型	说　明	存储区
DI_REAL EN ENO IN OUT	EN	BOOL	使能（允许输入）	I、Q、M、D、L
	IN	DINT	输入的双整数	
	ENO	BOOL	允许输出	
	OUT	RFAL	双整数转化成实数	

用一个例子来说明双整数转换成实数指令，梯形图如图 3 - 80 所示。当 I0.0 闭合时，可激活双整数转换成实数指令，IN 中的双整数存储在 MD0 中（假设用十进制表示为 16），转换完成后 OUT 端的 MD4 中的实数是 16。一个实数要用 4 个字节存储。

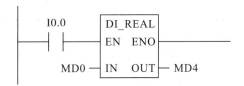

图 3 - 80 双整数转换成实数指令示例

5）实数四舍五入为双整数（ROUND）

ROUND 指令是将实数进行四舍五入取整后转换成双整数的格式。实数四舍五入为双整数指令和参数见表 3 - 26。

表 3 - 26 实数四舍五入为双整数指令和参数

LAD	参数	数据类型	说　明	存储区
ROUND EN ENO IN OUT	EN	BOOL	使能（允许输入）	I、Q、M、D、L
	IN	REAL	实数	
	ENO	BOOL	允许输出	
	OUT	DINT	四舍五入为双整数	

用一个例子来说明实数四舍五入为双整数指令，梯形图如图 3 - 81 所示。当 I0.0 闭合时，可激活实数四舍五入指令，IN 中的实数存储在 MD0 中。若假设这个实数为 3.14，进行四舍五入运算后 OUT 端的 MD4 中的双整数是 3；若假设这个实数为 3.88，进行四舍五入运算后 OUT 端的 MD4 中的双整数是 4。

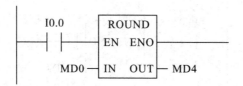

图 3 - 81　实数四舍五入为双整数指令示例

任务实施

1. 使用比较指令编写按钮人行道控制程序

1）控制要求

（1）马路途中一人通过人行道，东西方向是车道，南北方向是人行道。正常情况下，车道上有车辆行驶，如果有行人要通过交通路口，应先要按动按钮，等到绿灯亮时，方可通过，此时东西方向车道上红灯亮。延时一段时间后，南北方向的红灯亮，东西方向的绿灯亮。

（2）按钮人行道交通信号灯控制系统要求如图 3 - 82 所示。

	I0.0	←	一个周期		→	
马路	绿灯亮 Q0.0	绿灯亮 10 s	绿灯闪烁 OFF 1 s ON 1 s 2次	黄灯亮 Q0.1 4 s	红灯亮 Q0.2	
人行道	红灯亮 Q0.3		红灯亮 Q0.5		绿灯亮 Q0.3 10 s	黄灯亮 Q0.4 4 s
	I0.1					

图 3 - 82　按钮人行道交通信号灯控制要求

（3）图 3 - 83 是按钮人行道交通信号灯示意图。按下按钮 I0.0 或 I0.1，交通信号灯将按图 3 - 83 所示顺序变化。在按下按钮 I0.0 或 I0.1 至系统返回初始状态这段时间内，若再按按钮 I0.0 或 I0.1，则会对程序运行不起作用。

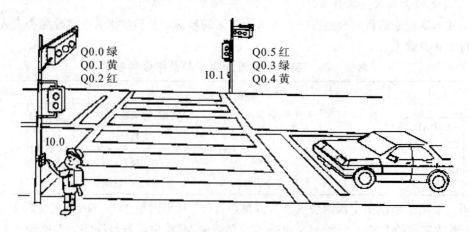

图 3 - 83　按钮式人行道交通信号灯示意图

2）训练要达到的目的

（1）掌握程序的设计的方法。

（2）掌握比较指令的使用方法。

3）控制要求分析

使用比较指令编程是编程方法中的一种新方法，将时间值与给定常数进行比较来控制灯的亮灭。这种方法只适合于灯闪烁次数比较少的控制方式，如果灯闪烁次数较多，使用比较指令编程就会使程序变得较长，重复之处也较多。

4）实训设备

CPU 314 - 2DP PLC 一台。

交通灯控制板一块。

5）设计步骤

（1）I/O 分配。I/O 分配如表 3 - 27 所示。

表 3 - 27　I/O 分配表

	状态	符号	地址	数据类	注释
1		HL0	Q0.0	BOOL	马路绿灯
2		HL1	Q0.1	BOOL	马路黄灯
3		HL2	Q0.2	BOOL	马路红灯
4		HL3	Q0.3	BOOL	人行道绿灯
5		HL4	Q0.4	BOOL	人行道黄灯
6		HL5	Q0.5	BOOL	人行道红灯
7		SB1	I0.0	BOOL	人行道按钮 1
8		SB2	I0.1	BOOL	人行道按钮 2
9		SB3	I0.2	BOOL	启动
10		SB4	I0.3	BOOL	停止按钮

（2）交通灯控制程序。使用比较指令编写的按钮式人行道交通信号灯控制梯形图程序如图 3 - 84 所示。

程序说明：

① 比较指令 IN1、IN2 使用的数据类型只能是 I、Q、M、D、L，不能是定时器的当前值 T，所以，必须将 T 的当前值传送给 MW10。

② 定时器 T0 延时时，是从大到小递减，所以，在使用比较指令时，要按从大到小的顺序进行比较。

③ 定时器 T0 的时基是 100 ms，扫描一次是 0.1 s，32 s 的时间，扫描的次数应该是 320 次。所以，使用比较指令时，定时器的当前值必须在原值的基础上乘以 10。

④ 一定要将 MW10 复位和清零。

（3）外部接线图。PLC 的外部接线图如图 3 - 85 所示。

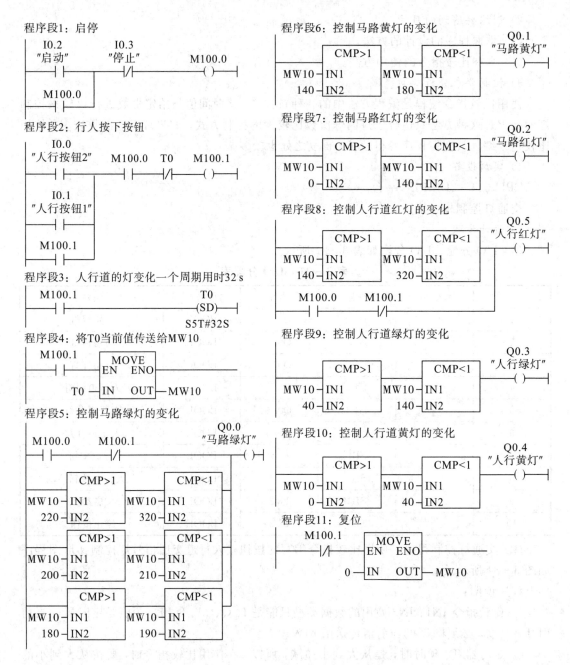

图 3 - 84　按钮式人行道交通信号灯控制程序

2. 将整数转化成实数并保存

STEP 7 中没有将整数直接转化成实数的指令，但可以通过数次转换将整数转换成实数，即先将整数转换成双整数，再将双整数转换成实数。例如，将整数 16♯22 转化成实数，并保存在 MD10 中，其梯形图如图 3 - 86 所示。

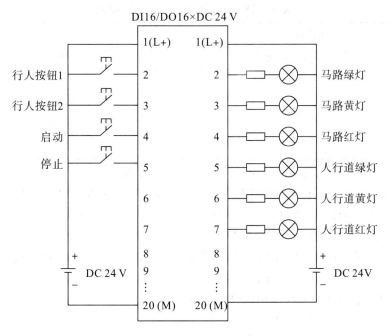

图 3 - 85　按钮人行道接线图

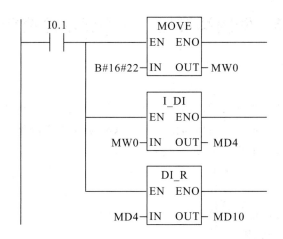

图 3 - 86　梯形图

思考与练习

1. 编写下列各数的 8421BCD 码。

55　　2365　　999　　2#1100 1011　　16#2A3F

2. 某生产线的工件产量为 80，现在使用接入 I0.0 端的传感器来检测工件数量。当工件数量小于 75 时，绿灯亮；等于和大于 75 时，绿灯按 1s 周期闪烁；等于 80 时，红灯亮，生产线自动停机。I0.1、I0.2 是启动/停止按钮，Q4.0 是生产线输出控制端。试设计 PLC 控制电路和控制程序。

3. 使用比较指令设计十字路口交通灯的控制。控制要求按表 3 - 28 进行。

表 3 – 28　交通灯控制信号分配表

东西向	绿灯	绿灯闪烁	黄灯	红灯		
	20 s	ON 0.5 s　OFF　0.5 s 2 次	2 s			
南北向	红灯			绿灯	绿灯闪烁	黄灯
				30 s	ON　0.5 s　OFF　0.5 s 2 次	2 s

4. 用 PLC 控制数码管显示数字 0～9，试编写梯形图。

控制要求：按启动按钮，数码管从 0 开始，间隔 1 秒显示数字到 9。然后再从 9 间隔 1 秒递减到 0，如此循环。按停止按钮，数码管不显示。

5. 使用比较和传送指令编写彩灯控制程序。

控制要求：现有彩灯 L1～L8，当程序启动后，彩灯间隔 0.5 秒，闪烁要求如下：

（1）5 次内（不包括 5 次），奇数灯闪烁。

（2）5 次内到 15 次，奇数灯和偶数灯间隔 0.5 秒交替闪烁。

（3）大于 15 次，偶数灯闪烁。

（4）到 25 次时，程序从头开始循环，1 遍后停止。

任务 5　使用移位指令编写流水灯控制程序

任务引入

算术运算指令、移位指令和循环移位指令是使用比较广泛的功能指令，我们在编程时会经常碰到数据的运算、移位和循环移位。学习这些功能指令的使用方法，并能正确使用它们来编写程序，是本次任务要完成的目标。

任务分析

通过本任务的学习，应了解和熟悉以下知识目标：

1. 掌握移位指令的使用。

2. 掌握循环移位指令的使用。

3. 掌握算术运算指令的使用。

4. 会使用循环移位指令编写程序。

相关知识

STEP 7 软件中，移位指令能将累加器的内容逐位向左或者向右移动。移动的位数由 N 决定。向左移 N 位相当于累加器的内容乘以 2^n，向右移相当于累加器的内容除以 2^n。移位指令在逻辑控制中使用也很方便。移位指令与循环指令见表 3 – 29 所示。

表 3-29　移位指令与循环指令

名　称	语句表	梯形图	描　述
有符号整数右移	SSI	SHR_J	整数逐位右移,空出的位添上符号位
有符号双整数右移	SSD	SHR_DI	双整数逐位右移,空出的位添上符号位
16 位字左移	SLW	SHL_W	字逐位左移,空出的位添 0
16 位字右移	SRW	SHR_W	字逐位右移,空出的位添 0
16 位双字左移	SLD	SHL_DW	双字逐位左移,空出的位添 0
16 位双字右移	SRD	SHR_DW	双字逐位右移,空出的位添 0
双字循环左移	RLD	ROL_DW	双字循环左移
双字循环右移	RRD	ROR_DW	双字循环右移

1. 移位指令

1) 字左移(SHL_W)

当字左移(SHL_W)指令的 EN 位为高电平"1"时,执行移位指令,将 IN 端指定的内容送入累加器 1 低字中,并左移 N 端指定的位数,然后写入 OUT 端指定的目的地址中。字左移(SHL_W)指令和参数见表 3-30 所示。

表 3-30　字左移(SHL_W)指令和参数

LAD	参数	数据类型	说　明	存储区
SHL_W EN　ENO IN　OUT N	EN	BOOL	允许输入	I、Q、M、D、L
	ENO	BOOL	允许输出	
	IN	WORD	移位对象	
	N	WORD	移动的位数	
	OUT	WORD	移动操作的结果	

用一个例子来说明字左移指令,梯形图如图 3-87 所示。当 I0.0 闭合时,激活左移指令,IN 中的字存储在 MW0 中,假设该数为 2♯1001 1101 1111 1011,向左移 4 位后,OUT 端的 MW0 中的数是 2♯1101 1111 1011 0000,字左移指令示意图如图 3-88 所示。

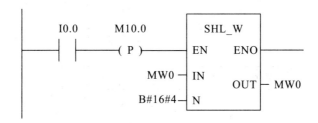

图 3-87　字左移指令示例

图 3-87 中的程序有一个上升沿,这样 I0.0 每闭合一次,将会左移 4 位;若没有上升沿,那么闭合一次,可能左移很多次。这点读者要特别注意。

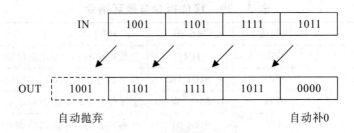

图 3-88　字左移指令示意图

2) 字右移(SHR_W)

当字右移(SHR_W)指令的 EN 位为高电平"1"时,执行移位指令,将 IN 端指定的内容送入累加器 1 低字中,并右移 N 端指定的位数,然后写入 OUT 端指定的目的地址中。字右移(SHR_W)指令和参数见表 3-31。

表 3-31　字右移(SHR_W)指令和参数

LAD	参数	数据类型	说　明	存储区
SHR_W EN　ENO IN OUT N	EN	BOOL	允许输入	I、Q、M、D、L
	ENO	BOOL	允许输出	
	IN	WORD	移位对象	
	N	WORD	移动的位数	
	OUT	WORD	移动操作的结果	

用一个例子来说明字右移指令,梯形图如图 3-89 所示。当 I0.0 闭合时,激活右移指令,IN 中的字存储在 MW0 中,假设该数为 2#1001 1101 1111 1011,向右移 4 位后,OUT 端的 MW0 中的数是 2#0000 1001 1101 1111,字右移指令示意图如图 3-90 所示。

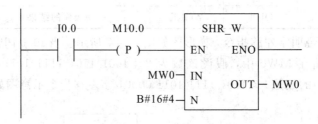

图 3-89　字右移指令示例

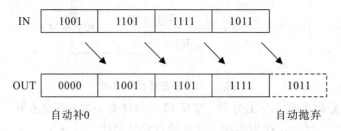

图 3-90　字右移指令示意图

3）双字左移（SHL_DW）

当双字左移（SHL_DW）指令的 EN 位为高电平"1"时，执行移位指令，将 IN 端指定的内容左移 N 端指定的位数，然后写入 OUT 端指定的目的地址中。双字左移（SHL_DW）指令和参数见表 3 - 32。

表 3 - 32　双字左移（SHL_DW）指令和参数

LAD	参数	数据类型	说　明	存储区
SHL_DW EN　ENO IN OUT N	EN	BOOL	允许输入	I、Q、M、D、L
	ENO	BOOL	允许输出	
	IN	WORD	移位对象	
	N	WORD	移动的位数	
	OUT	WORD	移动操作的结果	

用一个例子来说明双字左移指令，梯形图如图 3 - 91 所示。当 I0.0 闭合时，激活双字左移指令，IN 中的双字存储在 MD0 中，假设这个数为 16♯87654321，向左移 4 位后（半个字节），OUT 端的 MD0 中的数是 16♯76543210。

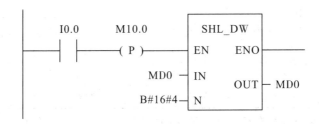

图 3 - 91　双字左移指令示例

4）双字右移（SHR_DW）

当双字右移（SHR_DW）指令的 EN 位为高电平"1"时，执行移位指令，将 IN 端指定的内容右移 N 端指定的位数，然后写入 OUT 端指定的目的地址中。双字右移（SHR_DW）指令和参数见表 3 - 33。

表 3 - 33　双字右移（SHR_DW）指令和参数

LAD	参数	数据类型	说　明	存储区
SHR_DW EN　ENO IN OUT N	EN	BOOL	允许输入	I、Q、M、D、L
	ENO	BOOL	允许输出	
	IN	WORD	移位对象	
	N	WORD	移动的位数	
	OUT	WORD	移动操作的结果	

用一个例子来说明双字右移指令，梯形图如图 3 - 92 所示。当 I0.0 闭合时，激活双字右移指令，IN 中的双字存储在 MD0 中，假设该数为 16♯12345678，向右移 4 位后，OUT 端的 MD0 中的数是 16♯01234567。

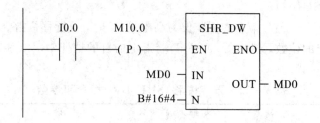

图 3 - 92　双字右移指令示例

5）整数右移（SHR_I）

当整数右移（SHR_I）指令的 EN 位为高电平"1"时，执行移位指令，将 IN 端指定的内容右移 N 端指定的位数，然后写入 OUT 端指定的目的地址中。与字的右移指令不同的是整数移位时，按照低位丢失、高位补符号位状态的原则，即正数高位补"0"，而负数补"1"。整数右移（SHR_I）指令和参数见表 3 - 34。

表 3 - 34　整数右移（SHR_I）指令和参数

LAD	参数	数据类型	说　明	存储区
SHR_I EN　ENO IN N　OUT	EN	BOOL	允许输入	I、Q、M、D、L
	ENO	BOOL	允许输出	
	IN	WORD	移位对象	
	N	WORD	移动的位数	
	OUT	WORD	移动操作的结果	

用一个例子来说明整数右移指令，梯形图如图 3 - 93 所示。当 I0.0 闭合时，激活整数右移指令，IN 中的整数存储在 MW0 中，假设该数为 2♯0001 1101 1111 1011，向右移 4位后，OUT 端 MW0 中的数是 2♯0000 0001 1101 1111，而假设该数为 2♯1001 1101 1111 1011，向右移 4 位后，OUT 端的 MW0 中的数是 2♯1111 1001 1101 1111，其示意图如图 3 - 94 所示。

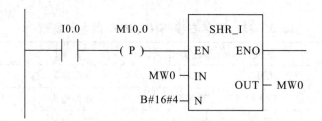

图 3 - 93　整数右移指令示例

2. 循环移位指令

1）双字循环左移（ROL_DW）

当双字循环左移（ROL_DW）指令的 EN 位为高电平"1"时，执行双字循环左移指令，将 IN 端指定的内容循环左移 N 端指定的位数，然后写入 OUT 端指定的目的地址中。双字循环左移（ROL_DW）指令和参数见表 3 - 35。

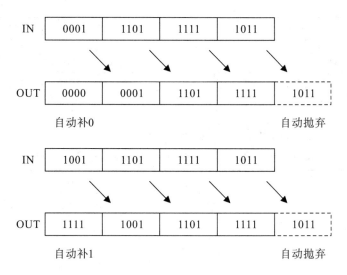

图 3 - 94 整数右移指令示意图

表 3 - 35 双字循环左移（ROL_DW）指令和参数

LAD	参数	数据类型	说　明	存储区
ROL_DW EN ENO IN OUT N	EN	BOOL	允许输入	I、Q、M、D、L
	ENO	BOOL	允许输出	
	IN	WORD	移位对象	
	N	WORD	移动的位数	
	OUT	WORD	移动操作的结果	

用一个例子来说明双字循环左移（ROL_DW）指令的应用，梯形图如图 3 - 95 所示。当 I0.0 闭合时，激活双字循环左移指令，IN 中的双字存储在 MD0 中，假设该数为 2♯1001 1101 1111 1011 1001 1101 1111 1011，除最高 4 位外，其余各位向左移 4 位后，双字的最高 4 位循环到双字的最低 4 位，结果是 OUT 端的 MD0 中的数是 2♯1101 1111 1011 1001 1101 1111 1011 1001，其示意图如图 3 - 96 所示。

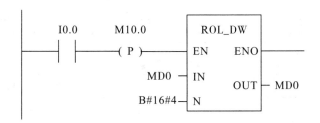

图 3 - 95 双字循环左移指令示例

2）双字循环右移（ROR_DW）

当双字循环右移（ROR_DW）指令的 EN 位为高电平"1"时，执行双字循环右移指令，将 IN 端指定的内容循环右移 N 端指定的位数，然后写入 OUT 端指定的目的地址中。双字循环右移（ROR_DW）指令和参数见表 3 - 36。

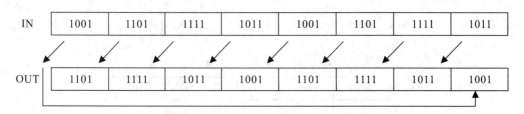

图 3 - 96　双字循环左移指令示意图

表 3 - 36　双字循环右移（ROR_DW）指令和参数

LAD	参数	数据类型	说　明	存储区
ROR_DW — EN ENO — — IN 　　OUT — — N	EN	BOOL	允许输入	I、Q、M、D、L
	ENO	BOOL	允许输出	
	IN	WORD	移位对象	
	N	WORD	移动的位数	
	OUT	WORD	移动操作的结果	

　　用一个例子来说明双字循环右移（ROR_DW）指令的应用，梯形图如图 3 - 97 所示。当 I0.0 闭合时，激活双字循环右移指令，IN 中的双字存储在 MD0 中，假设该数为 2♯1001 1101 1111 1011 1001 1101 1111 1011，除最低 4 位外，其余各位向右移 4 位后，双字的最低 4 位循环到双字的最高 4 位，结果是 OUT 端的 MD0 中的数是 2♯1011 1001 1101 1111 1011 1001 1101 1111，其示意图如图 3 - 98 所示。

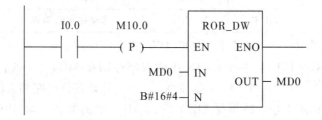

图 3 - 97　双字循环右移指令示例

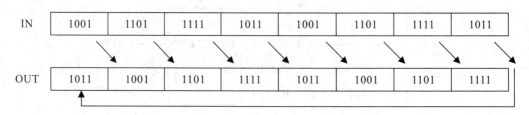

图 3 - 98　双字循环右移指令示意图

3. 算术运算指令

　　算术运算指令非常重要，在模拟量的处理、PID 控制等很多场合都要用到算术运算指令。算术运算又分为整数算术运算和浮点数算术运算。本教材只阐述整数算术运算。

　　整数算术运算又分为加法运算、减法运算、乘法运算和除法运算，其中每种运算方式又有整数型和双整数型两种。

（1）整数加（ADD_I）。当允许输入端 EN 为高电平"1"时，输入端 IN1 和 IN2 中的整数相加，结果送入 OUT 中。如果该结果超出了整数（16 位）允许的范围，OV 位和 OS 位将为"1"，并且 ENO 为逻辑"0"，这样便不执行此数学框 ENO 后连接的其他函数。IN1 和 IN2 中的数可以是常数。整数加的表达式是：IN1＋IN2＝OUT。

整数加（ADD_I）指令和参数见表 3－37。

表 3－37　整数加（ADD_I）指令和参数

LAD	参数	数据类型	说　明	存储区
ADD_I EN　ENO IN1 OUT IN2	EN	BOOL	允许输入	I、Q、M、D、L
	ENO	BOOL	允许输出	
	IN1	INT	相加的第 1 个值	
	IN2	INT	相加的第 2 个值	
	OUT	INT	相加的结果	

用一个例子来说明整数加（ADD_I）指令，梯形图如图 3－99 所示。当 I0.0 闭合时，激活整数加指令，IN1 中的整数存储在 MW0 中。假设该数为 11，则 IN2 中的整数存储在 MW2 中；假设该数为 21，则整数相加的结果可存储在 OUT 端的 MW4 中的数是 32。由于没有超出计算范围，所以 Q0.0 输出为"1"。假设 IN1 中的整数为 9999，则 IN2 中的整数为 30000，整数相加的结果存储在 OUT 端的 MW4 中的数是 25537。由于已超出计算范围，所以 Q0.0 输出为"0"。

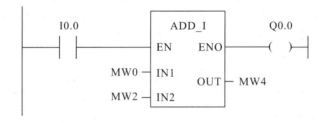

图 3－99　整数加（ADD_I）指令示例

双整数加（ADD_DI）指令与整数加（ADD_I）指令类似，只是其数据类型为双整数，在此不再赘述。

（2）双整数减（SUB_DI）。当允许输入端 EN 为高电平"1"时，输入端 IN1 和 IN2 中的双整数相减，结果送入 OUT 中。如果该结果超出了双整数（32 位）允许的范围，OV 位和 OS 位将为"1"，并且 ENO 为逻辑"0"，这样便不执行此数学框 ENO 后连接的其他函数。IN1 和 IN2 中的数可以是常数。双整数减的表达式是：IN1－IN2＝OUT。

双整数减（SUB_DI）指令和参数见表 3－38。

用一个例子来说明双整数减（SUB_DI）指令，梯形图如图 3－100 所示。当 I0.0 闭合时，激活双整数减指令，IN1 中的双整数存储在 MD0 中。假设该数为 22，则 IN2 中的双整数存储在 MD4 中；假设该数为 11，则双整数相减的结果存储在 OUT 端的 MD4 中的数是 11。由于没有超出计算范围，所以 Q0.0 输出为"1"。

表 3－38 双整数减(SUB_DI)指令和参数

LAD	参数	数据类型	说 明	存储区
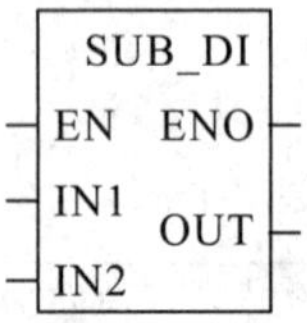SUB_DI EN ENO IN1 OUT IN2	EN	BOOL	允许输入	I、Q、M、D、L
	ENO	BOOL	允许输出	
	IN1	INT	被减数	
	IN2	INT	减数	
	OUT	INT	差	

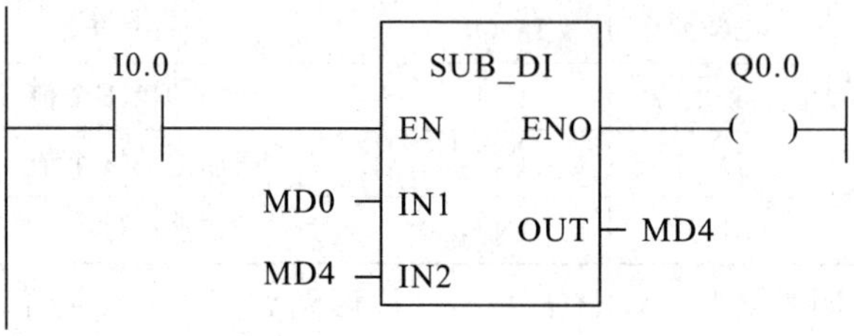
I0.0
SUB_DI
Q0.0
EN
ENO
MD0
IN1
OUT
MD4
MD4
IN2

图 3－100 双整数减(SUB_DI)指令示例

整数减(SUB_I)指令与双整数减(SUB_DI)指令类似，只是其数据类型为整数，在此不再赘述。

(3) 整数乘(MUL_I)。当允许输入端 EN 为高电平“1”时，输入端 IN1 和 IN2 中的整数相乘，结果送入 OUT 中。如果该结果超出了整数允许的范围，OV 位和 OS 位将为“1”，并且 ENO 为逻辑“0”，这样便不再执行此数学框 ENO 后连接的其他函数。IN1 和 IN2 中的数可以是常数。整数乘的表达式是：IN1×IN2＝OUT。

整数乘(MUL_I)指令和参数见表 3－39。

表 3－39 整数乘(MUL_I)指令和参数

LAD	参数	数据类型	说 明	存储区
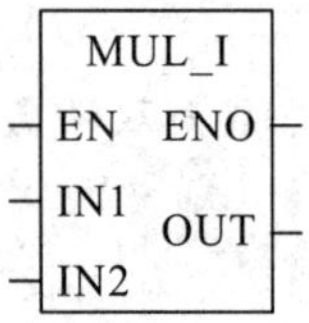MUL_I EN ENO IN1 OUT IN2	EN	BOOL	允许输入	I、Q、M、D、L
	ENO	BOOL	允许输出	
	IN1	INT	相乘的第 1 个值	
	IN2	INT	相乘的第 2 个值	
	OUT	INT	相乘的结果(积)	

用一个例子来说明整数乘(MUL_I)指令，梯形图如图 3－101 所示。当 I0.0 闭合时，激活整数乘指令，IN1 中的整数存储在 MW0 中，假设该数为 11，则 IN2 中的整数存储在 MW2 中；假设该数为 11，则整数相乘的结果存储在 OUT 端的 MW4 中的数是 121。由于没有超出计算范围，所以 Q0.0 输出为“1”。假设 IN1 中的整数为 1000，IN2 中的整数为 1000，由于其乘积超出计算范围，所以 Q0.0 输出为“0”。

双整数乘(MUL_DI)指令与整数乘(MUL_I)指令类似，只不过其数据类型为双整数，在此不再赘述。

（图略）

图 3－101　整数乘(MUL_I)指令示例

（4）双整数除(DIV_DI)。当允许输入端 EN 为高电平"1"时，输入端 IN1 中的双整数除以 IN2 中的双整数，结果送入 OUT 中。如果该结果超出了整数(32 位)允许的范围，OV 位和 OS 位将为"1"，并且 ENO 为逻辑"0"，这样便不再执行此数学框 ENO 后连接的其他函数。IN1 和 IN2 中的数可以是常数。双整数除(DIV_DI)指令和参数见表 3－40。

表 3－40　双整数除(DIV_DI)指令和参数

LAD	参数	数据类型	说　明	存储区
DIV_DI EN　ENO IN1 　　OUT IN2	EN	BOOL	允许输入	I、Q、M、D、L
	ENO	BOOL	允许输出	
	IN1	INT	被除数	
	IN2	INT	除数	
	OUT	INT	除法的双整数结果(商)	

用一个例子来说明双整数除(DIV_DI)指令，梯形图如图 3－102 所示。当 I0.0 闭合时，激活双整数除指令，IN1 中的双整数存储在 MD0 中。假设该数为 11，则 IN2 中的双整数存储在 MD4 中；假设该数为 2，双整数相除的结果存储在 OUT 端的 MD8 中的数是 5，不产生余数。由于没有超出计算范围，所以 Q0.0 输出为"1"。

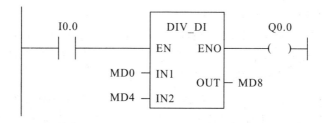

图 3－102　双整数除(DIV_DI)指令示例

注意：双整数除法不产生余数。

整数除(DIV_I)指令与双整数除(DIV_DI)指令类似，只不过其数据类型为整数，在此不再赘述。

（5）返回双整数余数(MOD_DI)。当允许输入端 EN 为高电平"1"时，输入端 IN1 中的双整数除以 IN2 中的双整数，余数送入 OUT 中。IN1 和 IN2 中的数可以是常数。返回双整数余数指令和参数见表 3－41。

表 3 - 41　返回双整数余数（MOD_DI）指令和参数

LAD	参数	数据类型	说　明	存储区
	EN	BOOL	允许输入	
	ENO	BOOL	允许输出	
MOD_DI EN ENO IN1 OUT IN2	IN1	INT	被除数	I、Q、M、D、L
	IN2	INT	除数	
	OUT	INT	除法的整数结果（商）	

用一个例子来说明返回双整数余数指令，梯形图如图 3 - 103 所示。当 I0.0 闭合时，激活返回双整数余数指令，IN1 中的整数存储在 MD0 中。假设该数为 11，则 IN2 中的整数存储在 MD4 中；假设该数为 2，则双整数相除的余数存储在 OUT 端的 MD8 中的数是 1。由于没有超出计算范围，所以 Q0.0 输出为"1"。

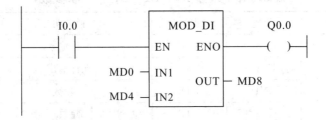

图 3 - 103　返回双整数余数（MOD_DI）指令示例

任务实施

1. 使用移位指令控制流水灯程序

1）控制要求

（1）首次按下按钮 SB1，8 盏信号灯 L0～L7 全亮。

（2）按下向左按钮 SB2，8 盏信号灯 L0～L7 由右向左进行单灯顺序闪烁，即 L0 亮 0.5 s 后灭，接着 L1 亮 0.5 s 后灭，然后 L2 亮 0.5 s 后灭，……，L7 亮 0.5 s 灭后，L0 亮 0.5 s 后灭，接着 L1 亮 0.5 s 后灭，如此循环。

（3）按下向右按钮 SB3 后，更改方向，由左向右进行单灯顺序闪烁，即 L7 亮 0.5 s 后灭，接着 L6 亮 0.5 s 后灭，然后 L5 亮 0.5 s 后灭，……，L0 亮 0.5 s 后灭，L7 亮 0.5 s 后灭，接着 L6 亮 0.5 s 后灭，如此循环。

（4）再次按下按钮 SB1，灯全部熄灭。

2）训练要达到的目的

（1）掌握程序的设计方法。

（2）通过程序设计掌握移位指令的使用方法。

3）控制要求分析

流水灯控制主要是循环移位控制，对于西门子 S7 - 300/400 系列 PLC 而言，要实现循环移位，可使用双字循环移位指令（ROL 和 ROR）。假如使用 MD50 进行移位，则 MB50 是 MD50 的最高字节，在 MD50 每次循环左移到最高位后，最高位 M50.7 的数据将要被移位到 M53.0，为实现 MB50 的循环左移，需要将 M50.7 的数据移位到 M50.0，此时可利用 M53.0 置位 M50.0，直接将数据从 MB53.0 移位到 M50.0，同时将 MB53 复位。这样相当于 MB50 的最高位 M50.7 移到了 MB50 的最低位 M50.0。

MD50 在每次循环右移 1 位后，当最低位 M50.0 的数据被移到 M51.7 时，为实现 MB50 的循环右移，移位后如果 M51.7 为 1 状态，可将 MB50 的最高位 M50.7 置 1；移位后如果 M50.7 为 1 状态，则将 MB51 复位。这样相对于 MB50 的最低位 M50.0 移到了 MB50 的最高位 M50.7。MB50 的移位过程如图 3 - 104 所示。

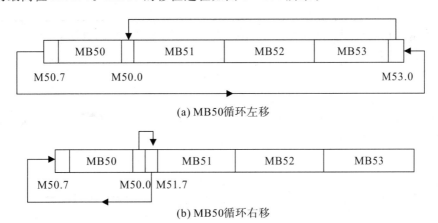

图 3 - 104　MB50 循环移位过程图

使用循环中断组织块 OB35 可以实现流水灯的循环控制，因此在 OB1 中只需调用或中断 OB35，而在 OB35 中实现循环控制即可。

4）实训设备

CPU 314 - 2 DP PLC 一台。

流水灯控制板一块。

5）设计步骤

（1）I/O 分配。根据控制要求分析可知，该设计需要 4 个输入和 8 个输出，使用西门子 S7 - 300 PLC 控制流水灯的 I/O 分配表如表 3 - 42 所示。

表 3 - 42　S7 - 300 PLC 控制流水灯的 I/O 分配表

	状　态	符　号	地　址	数据类型	注　释
1		CYC_INT5	OB	OB...	Cyclic Interrupt 5
2		HL0	Q0.0	BOOL	信号灯 L0
3		HL1	Q0.1	BOOL	信号灯 L1
4		HL2	Q0.2	BOOL	信号灯 L2
5		HL3	Q0.3	BOOL	信号灯 L3
6		HL4	Q0.4	BOOL	信号灯 L4
7		HL5	Q0.5	BOOL	信号灯 L5
8		HL6	Q0.6	BOOL	信号灯 L6
9		HL7	Q0.7	BOOL	信号灯 L7

状 态	符 号	地 址	数据类型	注 释
1	SB1	I0.0	BOOL	启动
1	SB2	I0.1	BOOL	停止按钮
1	SB3	I0.2	BOOL	向左按钮
1	SB4	I0.3	BOOL	向右按钮
1				

（2）流水灯控制程序。使用移位指令编写的流水灯控制梯形图程序如图 3 - 105 所示。

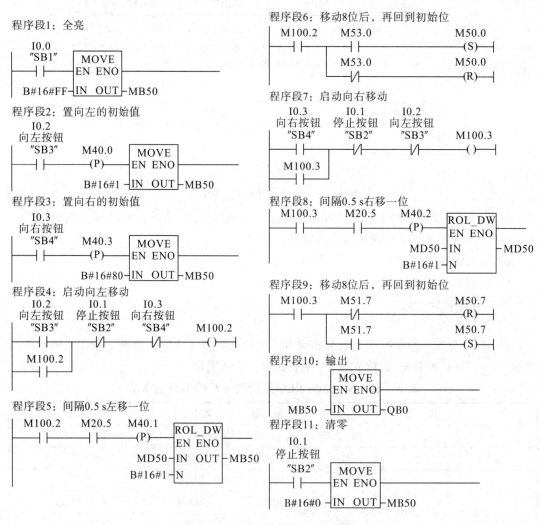

图 3 - 105　流水灯控制梯形图程序

程序说明：

① M20.5 是周期为 1 s 的时钟脉冲，其设置方法如图 3 - 51 所示。

② 移位指令必须使用上升沿脉冲，否则移位指令出现的将是乱码。

（3）外部接线图。PLC 的外部接线图如图 3 - 106 所示。

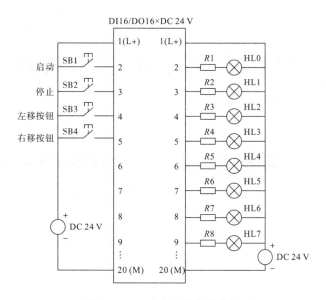

图 3 - 106　流水灯控制接线图

2. 运算指令程序设计举例

【例】　压力变送器的量程为 0~10 MPa，输出信号为 4~20 mA，S7 - 300 PLC 的模拟量输入模块的量程为 4~20 mA，转换后的数字量为 4~27 648，设转换后的数字为 N，试求以 kPa 为单位的压力值。

解：0~10 MPa(0~10 000 kPa)对应于转换后的数字 4~27 648，转换公式为

$$P = \frac{10\ 000 \times N}{27\ 648} \ (\text{kPa})$$

值得注意的是，在运算时一定要先乘后除，否则会损失原始数据的精度。假设 A/D 转换后的数据 N 在 MD6 中，则以 kPa 为单位的运算结果在 MW10 中。图 3 - 107 是实现上式中的运算梯形图程序。

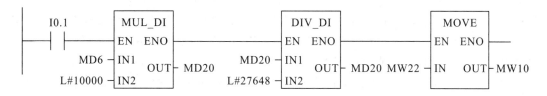

图 3 - 107　运算梯形图程序

　思 考 与 练 习

1. 要求利用移位指令使 8 盏灯以 0.2 s 的速度自左向右亮起，到达最右侧后，再自右向左返回最左侧，如此循环。I0.0＝1 时移位开始，I0.0＝0 时移位停止。

2. 编写程序完成下面的计算：$\dfrac{50 \times 30 - 1}{50 + 1}$。

项目 4   PLC 的程序结构

任务 1   使用功能、功能块和数据块编写程序

任务引入

STEP 7 软件将用户编写的程序和程序所需的数据放置在块中，使单个的程序部件标准化，即将程序分成单个、独立的程序段，通过在块内或块之间类似子程序的调用，使用户程序结构化。这样可以简化程序组织，使程序易于修改、查错和调试。块结构显著地增加了 PLC 程序的组织透明性、可理解性和易维护性。学习这些块的生成和使用方法，并能正确使用它们编写程序，是本次任务要完成的目标。

任务分析

通过本任务的学习，应了解和熟悉以下知识内容：

(1) 掌握功能 FC 的生成和使用。

(2) 掌握功能块 FB 的生成和使用。

(3) 会使用功能 FC 和功能块 FB 编写程序。

相关知识

在操作系统中包含了用户程序和系统程序，操作系统已经固化在 CPU 中，它提供 CPU 运行和调试的机制。CPU 的操作系统是按照事件驱动扫描用户程序的。用户程序可写在不同的块中，CPU 按照执行的条件成立与否执行相应的程序块或者访问对应的数据块。用户程序是为了完成特定的控制任务，是由用户编写的程序。用户程序通常包括组织块(OB)、功能块(FB)、功能(FC)和数据块(DB)。系统块包括系统功能(SFC)、系统功能块(SFB)和系统数据块(SDB)。下面主要介绍功能(FC)和功能块(FB)的知识。

1. 功能(FC)

1) 功能(FC)的定义和参数

(1) 功能(FC)是用户编写的程序块。功能是一种"不带内存"的逻辑块，属于 FC 的临时变量保存在本地数据堆栈中。执行 FC 时，该数据将丢失。为永久保存该数据，功能也可使用共享数据块。由于 FC 本身没有内存，因此，必须始终给它指定实际参数。不能给 FC 的本地数据分配初始值。

(2) FC 里有一个局域变量表和块参数。局域变量表里有 IN（输入参数）、OUT（输出参数）、IN_OUT（输入/输出参数）、TEMP（临时数据）、RETURN（返回值 RET_VAL）。IN（输入参数）是将数据传递到被调用的块中进行处理。OUT（输出参数）是将结

果传递到调用的块中。IN_OUT（输入/输出参数）是将数据传递到被调用的块中，在被调用的块中处理数据后，再将被调用的块中发送的结果存储在相同的变量中。TEMP（临时数据）是块的本地数据，在处理块时将其存储在本地数据堆栈。关闭并完成处理后，临时数据就变得不再可访问。RETURN 包含返回值 RET_VAL。

　　2）功能(FC)的应用

　　功能(FC)类似于 C 语言中的子程序，用户可以将具有相同控制过程的程序编写好后放在 FC 中，然后在主程序 OB1 中可以调用。功能的应用并不复杂，它是先建立一个工程，再在管理器界面中选中"块"，接着单击菜单栏的"插入"→"S7 块"→"功能"，即可插入一个空的功能。

2. 功能块（FB）

　　功能块(FB)属于编程者自己编程的块。功能块是一种"带内存"的块，分配数据块作为其内存(实例数据块)。传送到 FB 的参数和静态变量保存在实例 DB 中，临时变量则保存在本地数据堆栈中。执行完 FB，不会丢失实例 DB 中保存的数据，但会丢失保存在本地数据堆栈中的数据。

　　如果希望在下次调用前保存中间结果、运行设定或运行模式等程序信息，就应该使用功能块。

　　功能块 FB 在程序的体系结构中位于组织块之下，它包含程序的一部分，这部分程序在 OB1 中可以多次被调用。功能块的所有形参和静态数据都存储在背景数据块中。当调用 FB 时(必须指定背景 DB 的编号)，该背景数据块会自动打开，实际参数的值被存储在背景数据块中；当块退出时，背景数据块中的数据仍然保持，如果在块调用时，没有实际参数分配给形式参数，则在程序执行中将采用上一次存储在背景 DB 中的参数值。因此，调用 FB 时可以指定不同的实际参数。

3. 功能与功能块的区别

　　FC 与 FB 均为用户编写的子程序，局部数据均有 IN、OUT、IN_OUT 和 TEMP，临时变量 TEMP 都储存在局部数据堆栈中。它们的主要区别有：

　　(1) FC 的返回值 RET_VAL 实际上是输出参数，因此有无静态变量(STAT)是二者的局部变量的本质区别，功能块的静态变量用背景数据块来保存。如果功能有执行完后需要保存的数据，则只能存放在全局变量(I/Q、PI/PQ、M、T、C 和共享数据块)中，但这样会影响功能的可移植性。如果功能或功能块的内部不使用全局变量，只使用局部变量，则不需要做任何修改，就可以将块移植到其他项目。如果块的内部使用了全局变量，则在移植时需要重新统一分配它们内部使用的全局变量的地址，以保证不会出现地址冲突。当程序较复杂，且子程序和中断程序较多时，这种重新分配全局变量地址的工作量非常大，也很容易出错。

　　如果逻辑块有执行完后需要保存的数据，显然应使用功能块，而不是功能。

　　(2) 功能块的输出参数不仅与来自外部的输入参数有关，还与用静态变量保存的内部状态数据有关，功能因为没有静态变量，故相同的输入参数产生的执行结果是相同的。

　　(3) 功能块有背景数据块，功能没有背景数据块，只能在功能内部访问功能的局部变量，其他逻辑块和人机界面可以访问背景数据块中的变量。

（4）不能给功能的局部变量设置初始值，但可以给功能块的局部变量（不包括 TEMP）设置初始值。在调用功能块时，如果没有设置某些输入参数的实参，则可将使用背景数据块中的初始值，或上一次执行后的值。调用功能时应给所有的形参指定实参。

4. 使用 FB 具有的优点

（1）使用 FC 编写程序时，必须寻找空的标志区或数据区来存储需保持的数据，并且必须保持它们；而使用 FB 编写程序，其静态变量可由 STEP 7 软件来保存。

（2）使用 FB 编写程序，静态变量可以避免两次被分配到同一标志地址区或数据区的危险。

5. 背景数据块

背景数据块是专门指定给某个功能块（FB）或系统功能块（SFB）使用的数据块，它是 FB 或 SFB 运行时的工作存储区。

背景数据块用来保存 FB 和 SFB 的输入参数、输出参数、IN_OUT 参数和静态数据，背景数据块中的数据是自动生成的。它们是功能块变量声明表中的变量（不包括临时变量），临时变量（TEMP）存储在局部数据堆栈中。每次调用功能块时应指定不同的背景数据块。背景数据块相当于每次调用功能块时对应的被控对象的私人数据仓库，它保存的数据不受其他逻辑块的影响。

功能块的数据保存在它的背景数据块中，功能块执行完后也不会丢失，以供下次执行时使用。其他逻辑块可以访问背景数据块中的变量。不能直接删除和修改背景数据块中的变量，只能在它对应的功能块变量声明表中删除和修改这些变量。

任务实施

1. 用功能实现电动机的正反转控制

1）控制要求

用 PLC 控制电动机的运行，能实现正转、反转的可逆运行。

2）训练要达到的目的

（1）学会建立 FC 的方法。

（2）掌握 FC 的编程方法。

（3）掌握 OB1 调用 FC 的方法。

3）控制要求分析

使用功能编写程序，首先要建立功能 FC1，然后在功能中编写程序。注意：在功能中编写的程序，所用的元件名要使用形式参数，不能使用实际参数。使用 FC1 编写完程序后，在 OB1 的指令树中就会出现 FC1，然后调用 FC1，再将 FC1 中的形式参数赋值实际参数即可。

FC1 使用形式参数的好处是谁都可以调用它，因为它与实际参数无关。

4）实训设备

CPU 314 - 2DP PLC 一台。

电路控制板（由空气开关、交流接触器、热继电器、熔断器组成）一块。

0.5 kW 4 极三相异步电动机一台。

5）设计步骤

（1）先新建一个工程，本例为"正反转控制"选中"块"，然后单击菜单栏的"插入"→"S7

块"→"功能",即可插入一个空的功能。如图 4-1 所示,在"属性-功能"界面中,输入功能的名称,然后单击"确定"按钮。再双击"FC1",即可打开功能,如图 4-2 所示。

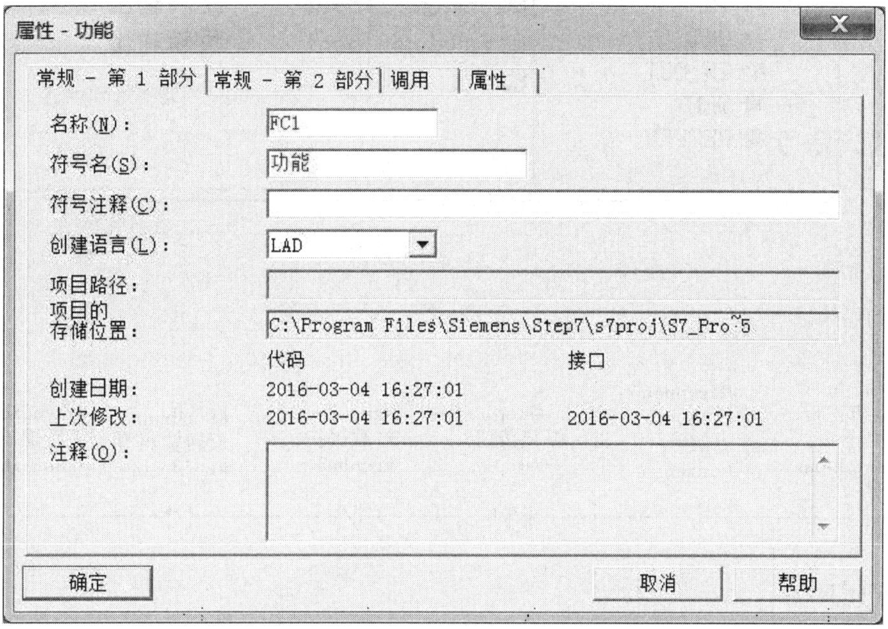

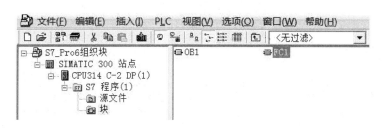

图 4-1   "属性-功能"界面

图 4-2   打开功能

(2) 输入参数,编写 FC1 程序。在管理器中,双击功能块"FC1",打开功能,弹出程序编辑器界面,先选中 IN(输入参数)新建参数,数据类型为"Bool",如图 4-3 所示。再选中 OUT(输出参数),新建参数,数据类型为"Bool",如图 4-4 所示。最后在程序段 1、2 中输入程序,如图 4-5 所示。注意:参数前都要加"#"。

名称	数据类型	注释
zheng...	Bool	电动机正转信号
fanzhan	Bool	电动机反转信号
stop	Bool	停止按钮
guobao	Bool	过载保护

图 4-3   输入参数

图 4 - 4　输出参数

程序段1：标题：

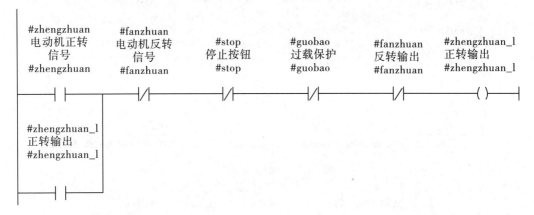

程序段2：标题：

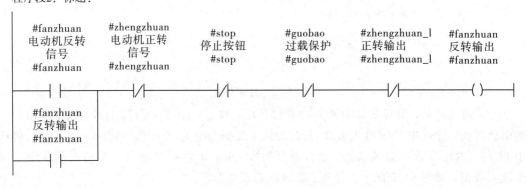

图 4 - 5　功能 FC1 的程序

（3）编写 OB1 程序。回到管理器界面，双击"OB1"，打开主程序块"OB1"，将功能"FC1"拖入程序段 1，如图 4 - 6 所示。如果将整个工程下载到 PLC 中，就可以实现"正反转控制"。

（4）程序运行。将主程序设置为监视状态，当 I0.0 有信号"1"时，输出 Q0.0 将有信号"1"；当 I0.1 有信号"1"时，输出 Q0.1 将有信号"1"；当 I0.2 或 I0.3 有信号"1"时，输出 Q0.0 或 Q0.1 将有信号"0"。

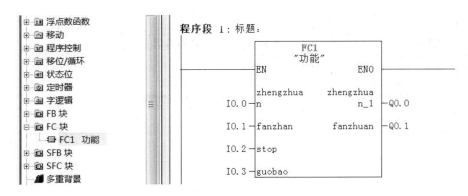

图 4-6　主程序 OB1

6）外部接线图

PLC 的外部接线图如图 3-28 所示。

注意：在实施本任务过程中，当选择数字量输出模块时，一定要选择继电器输出模块才可以，如果没有继电器输出模块，验证一下程序的对错也可以，不用实际接线。

2. 用功能实现电动机星-三角降压启动控制

1）控制要求

按电动机的启动按钮，电动机 M 先作星形启动，5 s 后，控制回路自动切换到角形连接，电动机 M 作角形运行。

2）训练要达到的目的

（1）学会编写复杂 FC 的方法。

（2）进一步掌握形参、实参的赋值方法。

3）控制要求分析

电动机的星三角降压启动，要使用定时器延时，程序编写不复杂，但如何在 FC1 中使用定时器，是我们这个任务要解决的问题。

4）实训设备

CPU 314-2DP PLC 一台。

电路控制板（由空气开关、交流接触器、热继电器、熔断器组成）一块。

0.5 kW 4 极三相异步电动机一台。

5）设计步骤

（1）创建功能 FC1，编写功能程序。选中"块"，接着单击菜单栏的"插入"→"S7 块"→"功能"，即可插入一个空的功能。在"属性-功能"界面中，输入功能的名称"星三角"，然后单击"确定"按钮。再双击"FC1"，打开功能，将会弹出程序编辑器界面，先选中 IN（输入参数）新建参数，数据类型为"Bool"，如图 4-7 所示。再选中 OUT（输出参数），新建参数，数据类型为"Bool"，如图 4-8 所示。最后在程序段 1、2、3、4 中输入程序，如图 4-9 所示。

（2）编写 OB1 程序。回到管理器界面，双击"OB1"，打开主程序块"OB1"，将功能"FC1"拖入程序段 1，如图 4-10 所示。如果将整个工程下载到 PLC 中，即可实现"星-三角降压启动控制"。

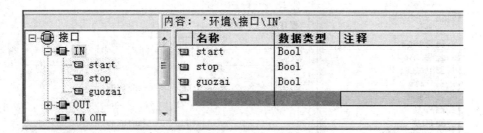

内容：'环境\接口\IN'
接口
IN
start
stop
guozai
OUT
IN_OUT
名称
数据类型
注释
start Bool
stop Bool
guozai Bool

图 4－7 输入参数

内容：'环境\接口\OUT'
接口
IN
OUT
IN_OUT
TEMP
RETURN
名称
数据类型
注释
shuchu_1 Bool
shuchu_2 Bool
zjbl Bool
shuchu_3 Bool

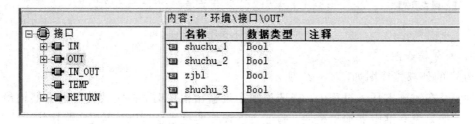

图 4－8 输出参数

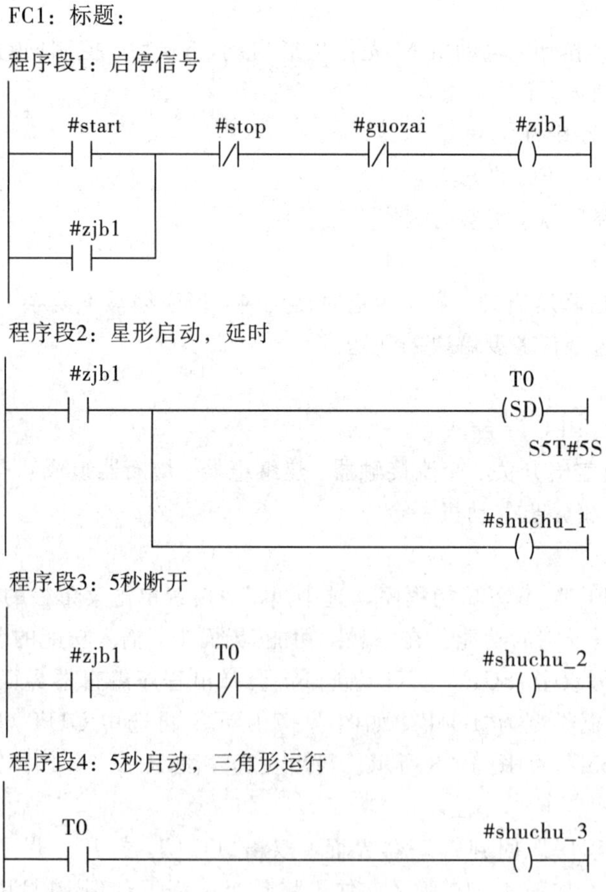

FC1：标题：
程序段1：启停信号
#start
#stop
#guozai
#zjb1
#zjb1
程序段2：星形启动，延时
#zjb1
T0
SD
S5T#5S
#shuchu_1
程序段3：5秒断开
#zjb1
T0
#shuchu_2
程序段4：5秒启动，三角形运行
T0
#shuchu_3

图 4－9 功能 FC1 的程序

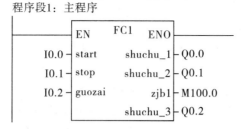

OB1：　"Main Program Sweep(Cycle)"
程序段1：主程序

图 4 - 10　主程序 OB1

（3）程序运行。将主程序设置为监视状态，当 I0.0 有信号"1"时，输出 Q0.0、Q0.1 将有信号"1"，电动机实现星形启动；5 s 后，Q0.1 输出为"0"，Q0.2 输出为"1"，电动机实现三角形运行。当停止 I0.1 有信号或过载 I0.2 有信号"1"时，所有输出都将有信号"0"，电动机停止运转。

6）外部接线图

PLC 的外部接线图如图 4 - 11 所示。

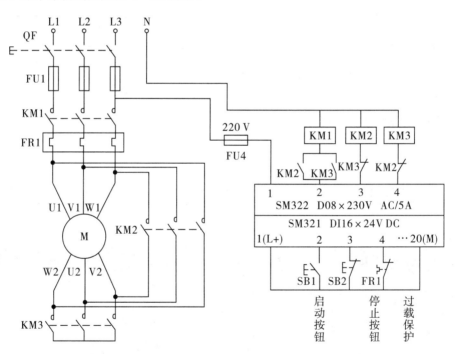

图 4 - 11　电动机星-三角降压启动 PLC 外部接线图

注意：实施本任务过程中，当选择数字量输出模块时，一定要选择继电器输出模块才可以，如果没有继电器输出模块，则需验证程序的对错，不需要实际接线。

3. 用功能实现多级分频器控制程序

1）控制要求

在许多控制场合，需要对信号进行分频，其中多级分频器是一种具有一个输入端和多个输出端的功能单元，输出频率为输入频率的 1/2、1/4、1/8 和 1/16 等。由于多级分频器各输出端的输出频率均为 2 倍关系，所以多级分频器可由二分频器通过逐级分频完成。

2）训练要达到的目的

（1）学会编写复杂 FC 的方法。

（2）读懂程序，并验证程序，掌握分频器的编程方法。

3）控制要求分析

先在功能 FC1 中编写二分频器可控制程序，然后在 OB1 中通过调用 FC1 实现多级分频器的功能。多级分频器的时序关系如图 4－12 所示。其中，I0.0 为多级分频器的脉冲输入端；Q0.0～Q0.3 分别为 2、4、8、16 分频的脉冲输出端；Q0.4～Q0.7 分别为 2、4、8、16 分频指示灯驱动输出端。

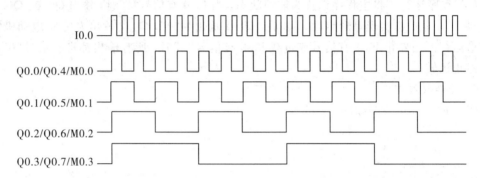

图 4－12　多级分频器时序图

4）实训设备

CPU 314－2DP PLC 一台。

指示灯板一块。

5）设计步骤

（1）创建功能 FC1。创建"多级分频器"项目，在块文件夹内创建一个功能，并将 FC1 的文件名命名为"功能块"。打开符号表，定义多级分频器符号。定义的符号如图 4－13 所示。

	状态	符号	地址		数据类型		注释
1		Cycle Exe...	OB	1	OB	1	主循环组织块
2		功能	FC	1	FC	1	二分频器
3		功能块	FB	1	FB	1	
4		F_P16	M	0.3	BOOL		16分频器上升沿检测标志
5		F_P2	M	0.0	BOOL		2分频器上升沿检测标志
6		F_P4	M	0.1	BOOL		4分频器上升沿检测标志
7		F_P8	M	0.2	BOOL		8分频器上升沿检测标志
8		In_Port	I	0.0	BOOL		脉冲信号输入端
9		LED16	Q	0.7	BOOL		16分频信号指示灯
1		LED2	Q	0.4	BOOL		2分频信号指示灯
1		LED4	Q	0.5	BOOL		4分频信号指示灯
1		LED8	Q	0.6	BOOL		8分频信号指示灯
1		Out_Prot16	Q	0.3	BOOL		16分频器脉冲信号输出端
1		Out_Prot2	Q	0.0	BOOL		2分频器脉冲信号输出端
1		Out_Prot4	Q	0.1	BOOL		4分频器脉冲信号输出端
1		Out_Prot8	Q	0.2	BOOL		8分频器脉冲信号输出端
1							

S7 程序(1) (符号) -- S7_Pro6组织块\SIMATIC 300 站点\CPU314 C-2 DP(1)

图 4－13　多级分频器符号表

（2）定义变量声明表。在 FC1 的变量声明表内，声明 4 个参数，如表 4 – 1 所示。

表 4 – 1　FC1 的变量声明表

Iterface(接口类型)	Name(变量名)	Date Type(数据类型)	Comment(注释)
In	S_IN	BOOL	脉冲输入信号
Out	S_OUT	BOOL	脉冲输出信号
Out	LET	BOOL	输出状态指示
In _Out	F_P	BOOL	上升沿检测标志

（3）FC1 控制程序的时序图。二分频器的时序图如图 4 – 14 所示。分析二分频器的时序图可以看到，输入信号每出现一个上升沿，输出便改变一次状态，据此可采用上升沿检测指令实现。

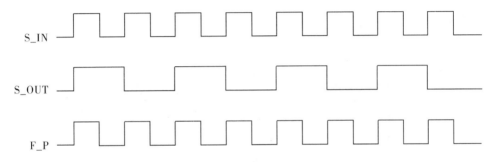

图 4 – 14　二分频器时序图

（4）规划程序结构。多级分频器的程序结构如图 4 – 15 所示。

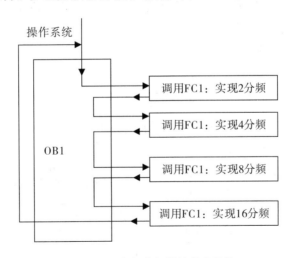

图 4 – 15　多级分频器的程序结构

（5）编写 FC1 程序。双击"FC1"图标，打开 FC1 编辑窗口，编写二分频器的梯形图控制程序，如图 4 – 16 所示。

如果输入信号 S_IN 出现上升沿，则对 S_OUT 取反，然后将 S_OUT 的信号状态送到 S_OUT 显示；否则，程序直接跳转到 LP1，将 S_OUT 的信号状态送 LED 显示。

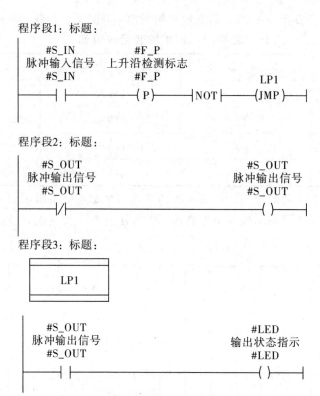

图 4 - 16 FC1 中的二分频器的控制程序

6）在 OB1 中编写主程序

双击"OB1"，打开 OB1 编辑窗口，由于在符号表内已经为 FC1 定义了一个符号名"二分频器"，所以可以采用符号地址或绝对地址两种方式来调用 FC1，OB1 中的控制程序由 4 个网络组成，梯形图程序如图 4 - 17 所示。

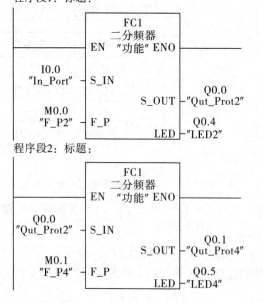

程序段3：标题：

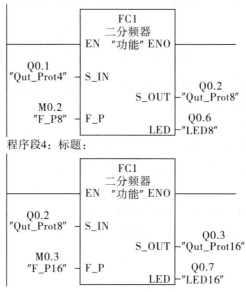

程序段4：标题：

图 4 - 17　OB1 中的梯形图控制程序

7）外部接线图

PLC 的外部接线图见图 4 - 18 所示。

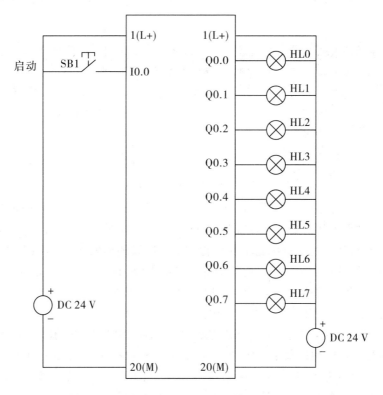

图 4 - 18　多级分频器接线图

注意：做本任务时，在选择数字量输出模块时，选择 24 V 的输出模块就可以。

4. 用功能块编写对汽油机、柴油机的控制程序

1）控制要求

汽油机或柴油机启动后，其风扇才启动运行，当汽油机或柴油机停止运转后，风扇延时 30 s 后停止运行。

当汽油机或柴油机的实际转速大于预置转速时，输出报警；当按下停止按钮时，发动机开始制动，延时 8 s 后发动机停止运转。

2）训练要达到的目的

（1）学会编写功能块 FB 的方法。

（2）读懂程序，并验证程序，理解功能块的使用背景。

3）控制要求分析

汽油机、柴油机的控制要求相同，所以我们可以使用功能块 FB 编写一段程序，然后根据控制要求在主程序中分别调用 FB，实现控制要求。

4）实训设备

CPU 314 – 2DP PLC 一台。

指示灯板（用两盏灯表示汽油机、柴油机）一块。

5）设计步骤

（1）创建 S7 项目。利用菜单创建新的 S7 项目，并命名为"功能块"，"功能块"项目实际上是控制发动机，完成管理器中"块"的配置，如图 4 – 19 所示。下面分别介绍这些块的生成：

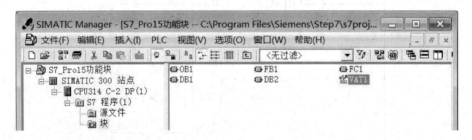

图 4 – 19　SIMATIC 管理器

选中 SIMATIC 管理器左边窗口中的"块"图标，用鼠标右键点击右边窗口，执行出现的快捷菜单中的"插入新对象"→"功能块"，生成一个新的功能块。在出现的功能块属性对话框中，采用系统自动生成的功能块的名称 FB1，选择梯形图（LAD）为默认的编程语言。点击"多情景标题"前面的复选框，使其中的"√"消失（没有多重背景功能）。点击"确认"按钮后返回 SIMATIC 管理器，可以看到右边窗口中新生成的功能块 FB1。

FC1 的生成方法与 FB1 的生成方法相似。

背景数据块的生成，选中 SIMATIC 管理器左边窗口中的"块"图标，用鼠标右键点击右边窗口，执行出现的快捷菜单中的"插入新对象"→"数据块"，生成一个新的数据块。在出现的数据块属性对话框中，可采用系统自动生成的名称，选择数据块的类型为"背景DB"，如果有多个功能块，还需要设置它是哪一个功能块的背景数据块。

图 4 – 19 中各块之间的调用关系如图 4 – 20 所示，图 4 – 20 中的主程序 OB1 调用功能

块 FB1 和名称为"汽油机数据"的背景数据块 DB1 来控制汽油机，调用 FB1 和名为"柴油机数据"的背景数据块 DB2 来控制柴油机。此外，还采用不同的实参调用功能 FC1 来控制汽油机和柴油机的风扇。

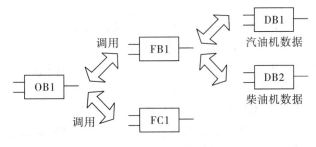

图 4-20　程序结构示意图

（2）定义符号表。块的调用分为条件调用和无条件调用。用梯形图调用块时，块的 EN（使能）输入端有能流流入时执行块中的程序，反之则不执行。当采用条件调用时，使能输入端 EN 受到触点电路的控制，块被正确执行时 ENO 为 1，反之为 0。

OB1 通过两次调用 FB1 和 FC1，实现对汽油机和柴油机的控制。在编写程序之前，首先要在符号表中定义块的符号，两次调用 FC1、FB1 的实参的符号。图 4-21 为程序的符号表。

	状态	符号	地址		数据类型		注释
		S7 程序(1) (符号) -- S7_Pro15功能块\SIMATIC 300 站点\CPU314 C-2 DP(1)					
1		TANK	DB	4	DB	4	
2		VAT1	VAT	1			
3		柴油机超速	Q	5.6	BOOL		指示灯
4		柴油机风扇延时	T	2	TIMER		断电延时定时器
5		柴油机风扇运行	Q	5.5	BOOL		控制柴油机风扇的输出
6		柴油机实际转速	MW	4	INT		
7		柴油机数据	DB	2	FB	2	
8		柴油机延时制动	Q	5.7	BOOL		柴油机制动
9		柴油机预置转速	MW	8	INT		
10		柴油机运行	Q	5.4	BOOL		控制柴油机运行的输出
11		发动机控制	FB	1	FB	1	功能块
12		风扇控制	FC	1	FC	1	功能
13		共享	DB	3	DB	3	共享数据块
14		关闭柴油机	I	1.5	BOOL		常开点
15		关闭汽油机	I	1.1	BOOL		常开触点
16		起动柴油机	I	1.4	BOOL		常开触点
17		起动汽油机	I	1.0	BOOL		常开触点
18		汽油机超速	Q	5.2	BOOL		指示灯
19		汽油机风扇延时	T	1	TIMER		断电延时定时器
20		汽油机风扇运行	Q	5.1	BOOL		控制汽油机风扇的输出
21		汽油机实际转速	MW	2	INT		
22		汽油机数据	DB	1	FB	1	
23		汽油机延时制动	Q	5.3	BOOL		汽油机制动
24		汽油机预置转速	MW	6	INT		
25		汽油机运行	Q	5.0	BOOL		控制汽油机运行的输出
26		主程序	OB	1	OB	1	用户主程序
27							

图 4-21　符号表

（3）功能块的编程。双击 SIMATIC 管理器中的 FB1 图标，打开程序编辑器，将鼠标的光标放在右边的程序区最上面的分隔条上，按住鼠标的左键，往下拉动分隔条，分隔条上面是功能块的变量声明表，下面是程序区，左边是指令列表和库。将水平分隔条拉至程序编辑器视窗的顶部，不再显示变量声明表，但是它仍然存在。

在变量声明表中声明块专用的局部变量。局部变量只能在它所在的块中使用。

变量声明表的左边窗口给出了该表的总体结构，选中某一变量类型，例如"IN"，在表的右边显示的是输入参数"Start"等的详细情况。

功能块有五种局部变量：

① IN：输入参数，用于将数据从调用块传送到被调用块。

② OUT：输出参数，用于将块的执行结果从被调用块返回给调用它的块。

③ IN_OUT：输入_输出参数，参数的初值由调用它的块提供，块执行后由同一个参数将执行结果返回给调用它的块。

④ TEMP：临时变量，暂时保存在局部数据区中的变量。临时变量区（L 堆栈）类似于没有人管理的公告栏，谁都可以往上面贴告示，后贴的告示将原来的告示覆盖掉。只是在执行块时使用临时变量，执行完后，不再保存临时变量的数值，它可能被同一优先级中别的块的临时数据覆盖。

⑤ STAT：静态变量，从功能块执行完毕到下一次重新调用它，静态变量的值保持不变。

选中变量声明表左边窗口中的输入参数"IN"，在右边窗口中生成两个 Bool 变量和一个 Int 变量，如图 4-22 所示。用类似的方法生成其他局部变量，FB1 的背景数据块中的变量与变量声明表中的局部变量（不包括临时变量）相同。

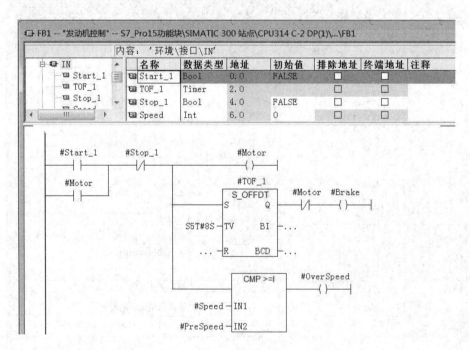

图 4-22　功能块 FB1

块的局部变量名必须以字母开始，只能由英文字母、数字和下划线组成，不能使用汉字，但是在符号表中定义的共享数据的符号名可以使用其他字符（包括汉字）。

在变量声明表中赋值时，不需要指定存储器地址；根据各变量的数据类型，程序编辑器自动地为所有的局部变量指定存储器地址。

块的输入参数、输出参数的数据类型可以是基本数据类型、复杂数据类型、Timer(定时器)、Counter(计数器)、块(FB、FC、DB)、Pointer(指针)和 ANY 等。

图 4-22 的下面是功能块 FB1 的梯形图程序。用启保停电路来控制发电机的运行,功能块的输入参数 Start 和 Stop 分别用来接收启动命令和停止命令,输出参数 Motor 用来控制发动机的运行。用比较指令来监视转速,检查实际转速 Speed 是否大于等于预置转速 Preset_Speed。如果满足比较条件,Bool 输出参数♯Overspeed(超速)为 1。

按下停止按钮,输入参数 TOF(数据类型为 Timer)指定的断电延时定时器开始定时,输出参数"Brake"(制动器)为 1 状态,经过设置的时间预置值后,停止制动。

STEP7 自动地在程序中的局部变量前面加上"♯"号,符号表中定义的共享符号被自动加上双引号。

生成功能块的输入参数、输出参数和静态变量时,它们被自动指定一个初始值,可以修改这些初始值,它们被传送给 FB 的背景数据块,作为同一个变量的初始值,Bool 变量(数字量)的初始值 FALSE 为二进制数 0,静态变量 Preset_Speed(预置转速)的初始值为 1500,是在 FB1 的变量声明表中设置的。

(4) 功能的编程。双击 SIMATIC 管理器中的 FC1 图标,打开程序编辑器,与功能块的变量声明表相比,功能没有静态变量(STAT),退出 FC 后不能保存它的临时局部变量。功能多了一个返回值 RET_VAL,它实际上是一个输出参数。

功能 FC1 用来控制发动机的风扇,如图 4-23 所示。要求在发动机运行信号 Motor 变为 1 时启动风扇,发动机停车后,用输出的 Bool 变量 Fan_on 控制风扇继续运行 30 s 后停机。

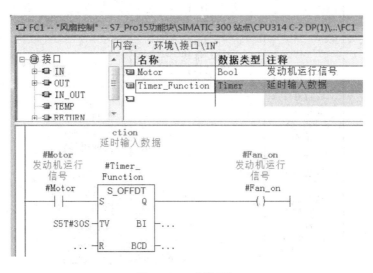

图 4-23　功能 FC1

(5) 主程序 OB1 编程。双击打开 SIMATIC 管理器中的 OB1,在梯形图显示方式下,将左边窗口中的"FC 块"文件夹中的"FC1"拖放到程序段 1 的水平"导线"上,无条件调用符号名为"风扇控制"的 FC1。

方框的左边是块的输入参数和输入/输出参数,右边是输出参数。方框内的"Motor"等是 FC1 的变量声明表中定义的 IN 和 OUT 参数,称为"形式参数",简称为"形参"。方框外的符号地址"汽油机运行"等是形参对应的"实际参数",简称为"实参"。形参是局部变量在逻辑块中的名称，实参是调用块时指定的具体的输入、输出参数。调用功能或功能块时应将实参赋值给形参，并保证实参与形参的数据类型一致。

输入参数(IN)的实参可以是绝对地址、符号地址或常数，输出参数(OUT)或输入_输出参数(IN_OUT)的实参必须指定为绝对地址或符号地址。将不同的实参赋值给形参，就可以实现对类似的但是不完全相同的被控对象(例如汽油机和柴油机)的控制。

OB1 的汽油机控制程序如图 4 - 24 所示。

程序段1：标题：

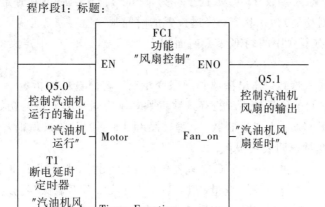

（a）汽油机风扇控制

程序段2：标题：

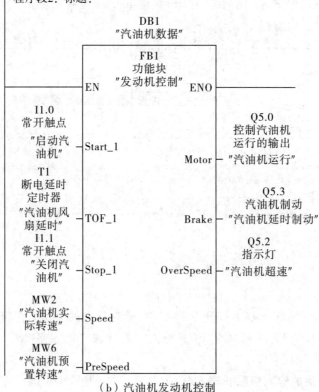

（b）汽油机发动机控制

图 4 - 24　主程序 OB1

6）外部接线图

PLC 的外部接线图见图 4-25 所示。

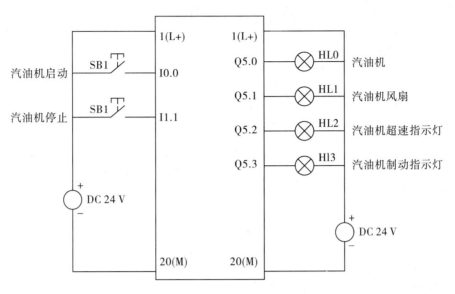

图 4-25　汽油机控制接线图

注意：实施本任务时，在选择数字量输出模块时，选择 24V 输出模块即可。

 思考与练习

1. STEP 7 有哪些逻辑块？功能 FC 和功能块 FB 有何区别？

2. 什么是符号地址？采用符号地址有哪些好处？

3. 在变量声明表内，所声明的静态变量和临时变量有何区别？

4. 试用 FC 封装点长动控制，要求为：电动机能实现点动控制，长动控制，长动时运行 20s 停止，有停止按钮和过载保护。

5. 试用 FB 封装发电机的控制，发电机有汽油机和柴油机两种类型，要求输入为启动（Switch_on）、停止（Switch_off）、故障（Failure）、复位故障（Reset）和转速设置（Actual_speed）；静态变量为转速预设值（Preset_speed）；输出为运行（Engine_on）、转速达到设置转速指示灯（Achieve_speed_L）和故障指示灯（Failure_L）。编程要求采用启动按钮和停止按钮使运行线圈工作或停止，当转速达到给定转速时，显示转速达到预设值的指示灯亮，当发生故障时故障指示灯亮，复位故障后，故障指示灯灭。

任务 2　使用中断组织块编写中断程序

任务引入

中断处理用来实现对特殊内部事件或外部事件的快速响应。当 CPU 检测到中断请求时，立即响应中断，调用中断源对应的中断程序（OB），执行完中断程序后，返回被中断的程序。如何调用中断、如何设置中断，就是本次任务要完成的目标。

任务分析

通过本任务的学习，应了解和熟悉以下知识目标：

（1）熟悉中断的优先级如何定义。

（2）掌握日期时钟中断组织块的使用。

（3）掌握循环中断组织块的使用。

（4）掌握硬件中断组织块的使用。

相关知识

组织块（OB）是操作系统与用户程序之间的接口。组织块由操作系统调用，控制循环中断驱动的程序执行、PLC 启动特性和错误处理。可以对组织块进行编程来确定 CPU 特性。

1. 中断概述

1）中断过程

中断处理用来实现对特殊内部事件或外部事件的快速响应。CPU 检测到中断请求时，立即响应中断，调用中断源对应的中断程序（OB），执行完中断程序后，返回被中断的程序。例如，在执行主程序 OB1 块时，时间中断块 OB10 可以中断主程序块 OB1 正在执行的程序，转而执行中断程序块 OB10 中的程序，当中断程序块中的程序执行完成后，再转到主程序块 OB1 中，从断点处执行主程序。

中断源是 I/O 模块的硬件中断、软件中断。例如，日期时间中断、延时中断、循环中断和编程错误引起的中断。

2）中断的优先级

一个 OB 是否允许另一个 OB 中断取决于其优先级。OB 共有 29 个优先级，1 最低，29 最高。高优先级的 OB 可以中断低优先级的 OB。例如，OB10 的优先级是 2，而 OB1 的优先级是 1，所以 OB10 可以中断 OB1。背景 OB 的优先级最低。

优先级的顺序（后面的比前面的优先级高）：背景循环、主程序扫描循环、日期时间中断、时间延时中断、循环中断、硬件中断、多处理器中断、I/O 冗余错误、异步故障（OB80～87）、启动和 CPU 冗余。背景循环的优先级最低。

3）对中断的控制

日期时间中断和延时中断有专用的允许处理中断和禁止中断的系统功能（SFC）。SFC 39"DIS_INT"用来禁止所有的中断、某些优先级范围的中断或指定的某个中断。SFC 40"EN_INT"用来激活（使能）新的中断和异步错误处理。如果用户希望忽略中断，可以下载一个只有块结束指令 BEU 的空 OB 到 CPU 中。

SFC41"DIS_AIRT"延迟处理比当前优先级高的中断和异步错误。SFC 42"EN_ AIRT"允许立即处理被 SFC 41 暂时禁止的中断和异步错误。

4）组织块的分类

组织块只能由操作系统启动，它由变量声明表和用户编写的控制程序组成。

（1）启动组织块 OB100～OB102。

（2）循环执行的组织块 OB1。

（3）定期执行的组织块包括：时间中断组织块 OB10～OB17，循环中断组织块 OB30～OB38。

（4）事件驱动的组织块包括：延时中断组织块 OB20～OB23，硬件中断组织块 OB40～OB47，异步错误中断组织块 OB80～OB87，同步错误中断组织块 OB121、OB122。

组织块的类型和优先级如表 4-2 所示。

表 4-2　组织块的类型和优先级

中断类型	组织块	优先级（默认）	启动条件
主程序扫描	OB1	1	用于循环程序处理的组织块（OB1）
时间中断	OB10～OB17	2	时间中断组织块（OB10～OB17）
延时中断	OB20	3	延时中断组织块（OB20～23）
	OB21	4	
	OB22	5	
	OB23	6	
循环中断	OB30	7	循环中断组织块（OB30～OB38）
	OB31	8	
	OB32	9	
	OB33	10	
	OB34	11	
	OB35	12	
	OB36	13	
	OB37	14	
	OB38	15	
硬件中断	OB40	16	硬件中断组织块（OB40～OB47）
	OB41	17	
	OB42	18	
	OB43	19	
	OB44	20	
	OB45	21	
	OB46	22	
	OB47	23	

中断类型	组 织 块	优先级（默认）	启动条件
DPV1 中断	OB55	2	编程 DPV1 设备
	OB56	2	
	OB57	2	
多值计算中断	OB60 多值计算	25	多值计算——多个 CPU 的同步操作
同步循环中断	OB61	25	组态 PROFIBUS DP 上的快速和等长过程响应时间
	OB62	25	
	OB63	25	
	OB64	25	
冗余错误	OB70 I/O 冗余错误(仅在 H 系列中)	25	错误处理组织块(OB70～OB87, OB121～OB122)
	OB72 CPU 冗余错误(仅在 H 系列中)	28	
异步错误	OB80 时间错误	25，若在启动程序中出现异步错误 OB，则为 28	错误处理组织块(OB70～OB87，OB121～OB122)
	OB81 电源错误		
	OB82 诊断错误		
	OB83 插入/删除模块中断		
	OB84 CPU 硬件故障		
	OB84		
	OB85 程序周期错误		
	OB86 机架故障		
	OB87 通信错误		
后台循环	OB90	29	后台组织块(OB90)
启动	OB100 重启动(热重启动)	27	启动组织块(OB100～OB102)
	OB101 热重启动	27	
	OB102 冷重启动	27	
同步错误	OB121 编程错误	引起错误的 OB 的优先级	错误处理组织块(OB70～OB87, OB121～OB122)
	OB122 访问错误		

不是所有的中断组织块都能被 CPU 使用，不同类型的 CPU 可以调用的组织块一般不同。例如，CPU 314C - 2 DP 的循环中断仅能调用组织块 OB35，而不能调用 OB30～OB34 和 OB36～OB38 组织块。

2. 主程序(OB1)

主程序(OB1)在前面经常用到,读者应该不会陌生。CPU 的操作系统定期执行 OB1。当操作系统完成启动后,将会启动执行 OB1。在 OB1 中,可以调用功能(FC)、系统功能(SFC)、功能块(FB)和系统功能块(SFB)。

执行 OB1 后,操作系统发送全局数据。重新启动 OB1 之前,操作系统将过程映像输出表写入输出模块中,更新过程映像输入表以及接收 CPU 的任何全局数据。

3. 日期时钟中断组织块及其应用

CPU 可以使用的日期时钟中断 OB 的个数与 CPU 的型号有关,例如,CPU 314C - 2DP 只能使用 OB10。

日期时钟中断组织块可以在某一特定的日期和时间执行一次,也可以从设定的日期时间开始,周期性地重复执行。例如,每分钟、每小时、每天、每年执行一次。可以利用 SFC28~SFC31 设置、取消、激活和查询日期时钟中断。SFC28~SFC31 的参数如表 4 - 3 所示。

表 4 - 3　SFC28~SFC31 的参数

参数	声明	数据类型	存储区间	参数说明
OB_NR	INPUT	INT	I、Q、M、D、L、常数	OB 的编号
SDT	INPUT	DT	D、L、常数	启动日期和时间,将忽略指定的启动时间的秒和毫秒值,并将其设置为 0
PERIOD	INPUT	WORD	I、Q、M、D、L、常数	从启动点 SDT 开始的周期: W♯16♯0000=一次 W♯16♯0201=每分钟 W♯16♯0401=每小时 W♯16♯1001=每日 W♯16♯1202=每周 W♯16♯1401=每月 W♯16♯1801=每年 W♯16♯2001=月末
RET_VAL	OUTPUT	INT	I、Q、M、D、L	如果出错,则 RET_VAL 的实际参数将包含错误代码
STATUS	OUTPUT	WORD	I、Q、M、D、L	时间中断的状态

4. 循环中断组织块及其应用

CPU 可以使用循环中断 OB 的个数与 CPU 的型号有关。所谓循环中断,就是经过一段固定的时间间隔中断用户程序。

循环中断组织块是较常用的，STEP 7 软件中有 9 个循环中断组织块（OB30～OB38）。指令 SFC39～SFC42 用来激活循环中断、禁止循环中断、禁用报警中断和启用报警中断。指令 SFC39～SFC42 的参数如表 4－4 所示。

表 4－4　SFC39～SFC42 的参数

参数	声明	数据类型	存储区间	参数说明
OB_NR	INPUT	INT	I、Q、M、D、L、常数	OB 的编号
MODE	INPUT	BYTE	I、Q、M、D、L、常数	指定禁用哪些中断和异步错误
RET_VAL	OUTPUT	INT	I、Q、M、D、L	如果出错，则 RET_VAL 的实际参数将包含错误代码

参数 MODE 指定禁用哪些中断和异步错误，含义比较复杂。MODE＝0 表示激活所有的中断和异步错误，MODE＝1 表示禁用所有新发生的和属于指定中断等级的事件，MODE＝2 表示禁用所有新发生的指定中断。具体可参考相关手册。

5. 硬件中断组织块及其应用

硬件中断组织块（OB40～OB47）用于快速响应信号模块（SM 输入/输出模块）、通信处理器（CP）和功能模块（FM）的信号变化。

硬件中断被模块触发后，操作系统将自动识别是哪一个槽的模块和模块中哪一个通道产生的硬件中断。硬件中断 OB 执行完后，将会发送通道确认信号。

如果正在处理某一中断事件，又出现了同一模块、同一通道产生的完全相同的中断事件，则新的中断事件将会丢失。

如果正在处理某一中断信号时，同一模块中其他通道或其他模块产生了中断事件，则当前已激活的硬件中断执行完后，再处理暂存的中断。

任务实施

本任务因为只是讲解各种中断的设置方法，比较简单，任务比较单一，故只讲解实施方法。

1. 应用日期时钟中断指令编写程序

1）控制要求

从 2016 年 3 月 1 日 16 时起，每 1 小时中断一次，并将中断次数记录在一个存储器中。

2）实施方法

（1）在硬件组态窗口中打开 CPU 的属性界面，在"日期时钟中断"选项卡中，选择"激活"→"每小时"→"2016－03－01"→"16：00"，单击"确定"按钮，如图 4－26 所示。该步骤的含义：激活组织块 OB10 的中断功能，从 2016 年 3 月 1 日 16 时起，每 1 小时中断一次，再将组态完成的硬件下载到 CPU 中。

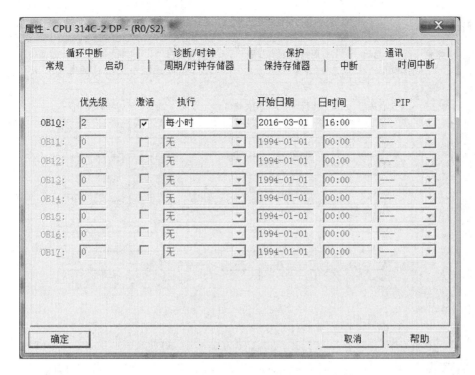

图 4 - 26　日期时钟中断

注意：初学者在使用此方法时，很容易忘记勾选"激活"选项，或者没有把组态的信息下载到 CPU 中去。

（2）打开 OB10，在程序编辑器中输入程序，如图 4 - 27 所示，运行的结果是从 2016 年 3 月 1 日 16 时起，每小时 MW2 中的数值增加 1，也就是记录了中断的次数。

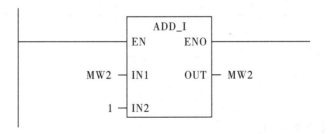

图 4 - 27　OB10 中的程序

2. 应用循环中断编写程序

1）控制要求

每隔 100 ms 时间，CPU 314C - 2 DP 采集一次通道 0 上的数据。

2）实施方法

（1）打开 CPU 的属性界面，在"循环中断"选项卡中，将组织块 OB35 的执行时间设定为"100 ms"，单击"确定"按钮，如图 4 - 28 所示。该步骤的含义：设置组织块 OB35 的循环中断时间是 100 ms，再将组态完成的硬件下载到 CPU 中。

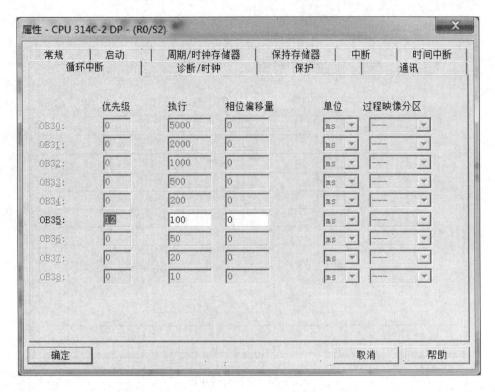

图 4 - 28　设置循环中断

（2）打开 OB35，在程序编辑器中输入程序，如图 4 - 29 所示。运行的结果是每 100 ms 将通道 0 采集到的模拟量转化成数字量送入 MW0 中。

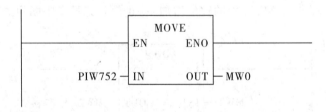

图 4 - 29　OB35 中的程序

3. 应用硬件中断编写程序

1）控制要求

编写一段指令记录，用户使用 I3.0 和 I3.1 按钮的次数，做成一个简单的"黑匣子"。

2）任务实施

（1）系统的硬件为 CPU 314C - 2 DP 和输入信号模块 SM321（Interrupt，带硬件中断功能）。先进行硬件组态，如图 4 - 30 所示。由图可以明显看出，信号输入模块的输入地址为"IB3"和"IB4"。双击"SM321 DI16xDC24V，Interrupt"选项，将会弹出信号模块的属性界面，如图 4 - 31 所示。在"输入"选项卡中，勾选"硬件中断"；在"硬件中断触发器"选项卡中，勾选"上升（正）沿"。实际上就是对 I3.0 和 I3.1 有效。最后单击"确定"按钮。

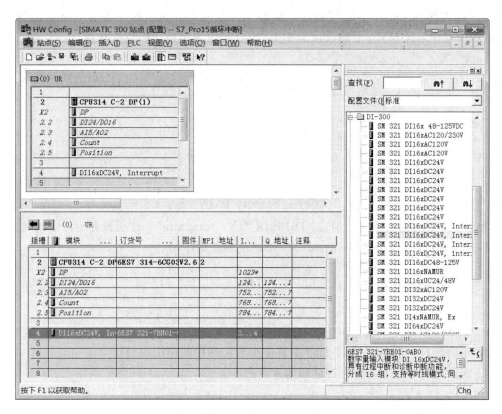

图 4-30　硬件组态界面

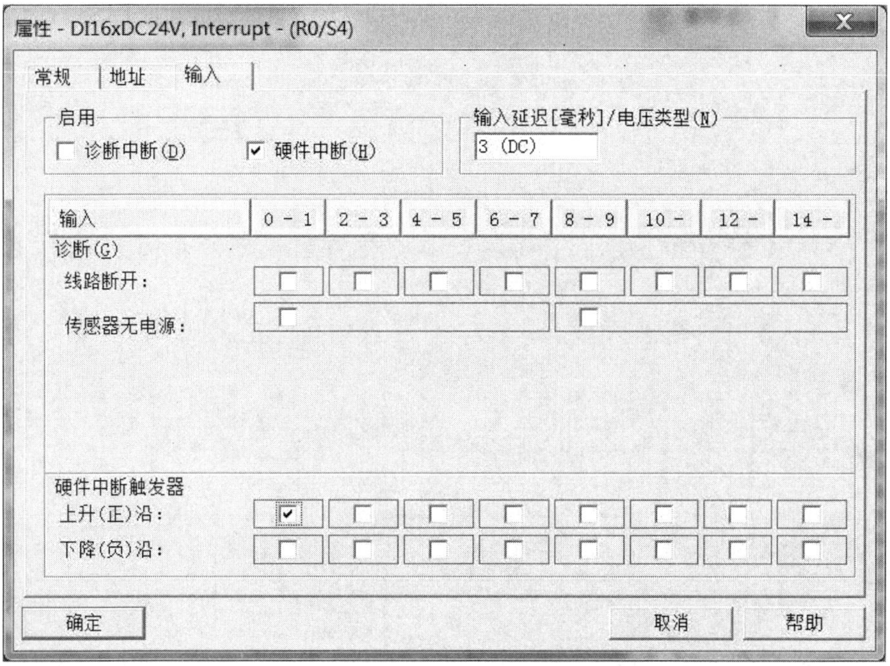

图 4-31　信号模块的属性界面

（2）在组织块 OB40 中编写程序，如图 4 - 32 所示。每次按下按钮，将会调用一次 OB40 中的程序，且 MW0 中的数值会加 1，也就是记录了使用按钮的次数。

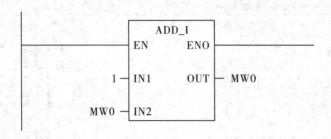

图 4 - 32　OB40 中的程序

注意：选用的输入模块"SM321 DI16xDC24V，Interrupt"，必须具有硬件中断功能。该例子也可以使用 SFC39 和 SFC40 来取消和激活中断。

 思考与练习

1. 试述 PLC 的中断过程。

2. 试述日期时钟中断组织块的作用。

3. 何谓循环中断？STEP 7 软件中有多少个循环中断组织块？

4. 何谓硬件中断？硬件中断是如何执行的？

项目 5　S7 - 300 PLC 的通信应用

任务 1　如何实现 S7 - 300 PLC 与 S7 - 200 PLC 之间的 MPI 通信

任务引入

MPI 通信是多点接口(Multi Point Interface)的简称,是西门子公司开发的用于 PLC 之间通信的保密协议。MPI 通信是当通信速率要求不高、通信数据量不大时,可以采用的一种简单、经济的通信方式。如何实现西门子 S7 - 300 PLC 与 S7 - 200 PLC 之间的 MPI 通信,是本次任务要完成的目标。

任务分析

通过本任务的学习,应了解和熟悉以下知识内容:

(1) 熟悉通信的基本概念。

(2) 熟悉 MPI 通信指令的使用。

(3) 掌握 MPI 通信的设置方法。

(4) 成功实施 MPI 通信。

相关知识

1. 通信基础知识

PLC 的通信包括 PLC 与 PLC 之间的通信、PLC 与上位计算机之间的通信以及和其他智能设备之间的通信。PLC 与 PLC 之间通信的实质就是计算机的通信,使得众多独立的控制任务构成一个控制工程整体,形成模块控制体系。PLC 与计算机连接组成网络,将 PLC 用于控制工业现场,计算机用于编程、显示和管理等任务,构成"集中管理、分散控制"的分布式控制系统(DCS)。

2. 通信的基本概念

1) 串行通信与并行通信

串行通信和并行通信是两种不同的数据传输方式。

串行通信就是通过一对导线将发送方与接收方进行连接,传输数据的每个二进制位,按照规定顺序在同一导线上依次发送与接收。例如,常用的优盘 USB 接口就是串行通信。串行通信的特点是通信控制复杂,通信电缆少,因此与并行通信相比,成本较低。

并行通信就是将一个 8 位数据(或 16 位、32 位)的每一个二进制位采用单独的导线进行传输,并将传送方和接收方进行并行连接,一个数据的各二进制位可以在同一时间内一次传送。例如，老式打印机的打印口和计算机的通信就是并行通信。并行通信的特点是在一个周期内可以一次传输多位数据，其连线的电缆多，因此长距离传送时成本较高。

2）异步通信与同步通信

异步通信与同步通信也称为异步传送与同步传送，这是串行通信的两种基本信息传送方式。从用户的角度上说，两者最主要的区别在于通信方式的"帧"不同。

异步通信方式又称起止方式。它在发送字符时，要先发送起始位，然后是字符本身，最后是停止位，字符之后还可以加入奇偶校验位。异步通信方式具有硬件简单、成本较低的特点，主要用于传输速率低于 19.2 kb/s 以下的数据通信。

同步通信方式在传递数据的同时，也传输时钟同步信号，并始终按照给定的时刻采集数据。其传输数据的效率高、硬件复杂，但是成本较高，一般用于传输速率高于 20 kb/s 以上的数据通信。

3）单工、全双工与半双工

单工、全双工与半双工是通信中描述数据传送方向的专用术语。

（1）单工（Simplex）：指数据只能实现单向传送的通信方式，一般用于数据的输出，不可进行数据交换。

（2）全双工（Full Simplex）：也称双工，指数据可以进行双向数据传送，同一时刻既能发送数据，也能接收数据。通常需要两对双绞线连接，通信线路成本较高。例如，RS - 422 就是"全双工"通信方式。

（3）半双工（Half Simplex）：指数据可以进行双向数据传送，同一时刻只能发送数据或者接收数据。通常需要一对双绞线连接，与全双工相比，通信线路成本较低。例如，RS - 485 只用一对双绞线时就是"半双工"通信方式。

3. PLC 网络的术语解释

PLC 网络中的名词、术语很多，现将常用的予以介绍。

（1）站（Station）：在 PLC 网络系统中，将可以进行数据通信、连接外部输入/输出的物理设备称为"站"。例如，由 PLC 组成的网络系统中，每台 PLC 可以是一个"站"。

（2）主站（Master Station）：PLC 网络系统中进行数据连接的系统控制站。主站上设置了控制整个网络的参数，每个网络系统只有一个主站，主站号固定为"0"，站号实际就是 PLC 在网络中的地址。

（3）从站（Slave Station）：PLC 网络系统中，除主站外，其他的站都称为"从站"。

（4）远程设备站（Remote Device Station）：PLC 网络系统中，能同时处理二进制位、字的从站。

（5）本地站（Local Station）：PLC 网络系统中，带有 CPU 模块并可以与主站以及其他本地站进行循环传输的站。

（6）站数（Number of Station）：PLC 网络系统中，所有物理设备（站）所占用的"内存站数"的综合。

（7）网关（Gateway）：又称网间连接器、协议转换器。网关在传输层上以实现网络互联，是最复杂的网络互联设备，仅用于两个高层协议不同的网络互联。网关的结构和路由器类似，不同的是互联层。网关既可以用于广域网互联，也可以用于局域网互联。网关是一种充当转换重任的计算机系统或设备。在使用不同的通信协议、数据格式或语言时，甚至体系结构完全不同的两种系统之间，网关是一个翻译器。例如，AS-I 网络的信息若要传送到由西门子 S7-200 PLC 组成的 PPI 网络，就要通过 CP243-2 通信模块进行转换，该通信模块实际上就是网关。

（8）中继器（Repeater）：用于网络信号放大、调整的网络互联设备，能有效延长网络的连接长度。例如，以太网的正常传送距离是 500 m，经过中继器放大后，可传输 2500 m。由于过程中存在损耗，在线路上传输的信号功率会逐渐衰减，衰减到一定程度时将会造成信号失真，因此会导致接收错误。中继器就是为解决这一问题而设计的。它完成物理线路的连接，对衰减的信号进行放大，保持与原数据相同。一般情况下，中继器的两端连接的是相同的媒体，但某些中继器也可以完成不同媒体的转接工作。

（9）网桥（Bridge）：将两个相似的网络连接起来，并对网络数据的流通进行管理。网桥的功能在延长网络跨度上类似于中继器，然而它能提供智能化连接服务，即根据帧的终点地址处于哪一网段来进行转发和滤除。

（10）路由器（Router，转发者）：所谓路由，就是指通过相互连接的网络把信息从源地点移动到目标地点的活动。一般来说，在路由过程中，信息至少会经过一个或多个中间节点。路由器是互联网的主要节点设备。路由器通过路由决定数据的转发。转发策略称为路由选择（routing），这也是路由器名称的由来。作为不同网络之间互相连接的枢纽，路由器系统构成了基于 TCP/IP 的国际互联网络 Internet 的主体脉络，也可以说，路由器构成了 Internet 的骨架。它的处理速度是网络通信的主要瓶颈之一，它的可靠性则直接影响着网络互联的质量。因此，在园区网、地区网，乃至整个 Internet 研究领域中，路由器技术始终处于核心地位，其发展历程和方向已成为整个 Internet 研究的一个缩影。

（11）交换机（Switch）：是一种基于 MAC 地址识别，能完成封装转发数据包功能的网络设备。交换机可以"学习" MAC 地址，并把其存放在内部地址表中，通过在数据帧的始发者和目标接收者之间建立临时的交换路径，使数据帧直接由源地址到达目的地址。

交换机通过直通式、存储转发和碎片隔离 3 种方式进行交换。

交换机的传输模式有全双工、半双工、全双工/半双工自适应三种。

4. 西门子的 PLC 连线

西门子 PLC 的 PPI 通信、MPI 通信和 PROFIBUS-DP 现场总线通信的物理层都是 RS-485，而且采用的都是相同的通信线缆和专用网络接头。西门子提供两种网络接头，即标准网络接头和包括编程端口接头，可方便地将多台设备与网络连接，编程端口允许用户将编程站或 HMI 设备与网络连接，而不会干扰任何现有网络连接。图 5-1 为带编程口的网络接头，图 5-2 为 PROFIBUS 网络连接电缆。

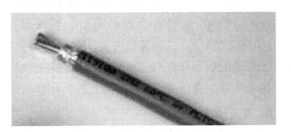

图 5-1　带编程口的网络接头　　　　　　图 5-2　PROFIBUS 网络连接电缆

西门子的专用 PROFIBUS 电缆中有两根线，一根为红色，上标有"B"；一根为绿色，上面标有"A"。这两根线只要与网络接头上相对应的"A"和"B"接线端子相连即可。网络接头直接插在 PLC 的通信口上即可，不需要其他设备。

5. MPI 通信简介

1）MPI 通信定义及特点

MPI 网络可用于单元层，它是多点接口（Multi Point Interface）的简称，是西门子公司开发的用于 PLC 之间通信的保密协议。MPI 通信是当通信速率要求不高、通信数据量不大时，可以采用的一种简单、经济的通信方式。

MPI 通信的主要优点是 CPU 可以同时与多个设备建立通信联系。也就是说，编程器、HMI 设备和其他的 PLC 可以连接在一起并同时运行。编程器通过 MPI 接口生成的网络还可以访问所连接硬件站上的所有智能模块。可同时连接的其他通信对象的数目取决于 CPU 的型号。例如，CPU 314 的最大连接数为 4，CPU 416 的最大连接数为 64。

2）MPI 接口的主要特性

（1）采用 RS - 485 物理接口。

（2）传输速率为 19.2 kb/s 或 187.5 kb/s 或 1.5 Mb/s。

（3）最大连接距离为 50 m（2 个相邻节点之间）。当有两个中继器时，最大连接距离为 1100 m；当采用光纤和星形耦合器时，最大连接距离为 23.8 km。

（4）采用 PROFIBUS 元件（电缆、连接器）。

3）MPI 通信方法

MPI 通信有全局数据通信、基本通信和扩展通信，下面将分别介绍。

（1）全局数据通信，这种通信方法通过 MPI 接口在 CPU 间循环地交换数据，而不需要编程。当过程映像被刷新时，在循环扫描检测点上进行数据交换。对于西门子 S7 - 400 PLC，数据交换可以用 SFC 来启动。全局数据可以是输入、输出、标志位、定时器、计数器和数据块区。

数据通信不需要编程，而是利用全局数据表来配置。也不需要 CPU 连接用于全局数据通信。

（2）基本通信，这种通信方法可用于所有西门子 S7 - 300/400PLC CPU，它通过 MPI 子网或站中的 K 总线来传送数据。系统功能（SFC），例如 X_SEND（在发送端）和 X_RCV（在接收端）被用户程序调用。最大用户数据量为 76 B。当系统功能被调用时，通信连接被动态地建立和断开。在 CPU 上需要有一个自由的连接。

（3）扩展通信，这种通信方法可用于所有的西门子 S7 - 400 PLC CPU。通过任何子网（MPI，Profibus，Industrial Ethernet）可以传送最多 64KB 的数据。它是通过系统功能块（SFB）来实现的，支持有应答的通信。数据也可以读出或写入到西门子 S7 - 300 PLC（PUT/GET 块）中。这种通信方式不仅可以传送数据，而且还可以执行控制功能，例如控制通信对象的启动和停机。这种通信方法需要配置连接（连接表），该连接在一个站的全启动时建立并且一直保持。在 CPU 上需要有自由的连接。

6. 相关指令介绍

无组态连接的 MPI 的通信适合西门子 S7 - 400 PLC、S7 - 300 PLC、S7 - 200 PLC 之间的通信，通过调用 SFC66、SFC67、SFC68 和 SFC69 来实现。顾名思义，MPI 无组态连

接，就是 MPI 通信时，不需要组态通信，只要编写通信程序即可实现通信。无组态连接的 MPI 通信分为双边编程通信方式和单边编程通信方式。S7 - 200 PLC 与 S7 - 300 PLC 间的 MPI 通信只能采用单边无组态通信方式。

（1）X_PUT（SFC68）是发送数据指令，通过 SFC68"X_PUT"指令将数据写入不在同一个本地 S7 站中的通信伙伴。在通信伙伴上没有相应 SFC。在通过 REQ=1 调用 SFC 之后，激活写作业。此后，可以继续调用 SFC，直到 BUSY=0 指示接收到应答为止。

必须要确保由 SD 参数（在发送 CPU 上）定义的发送区和由 VAR_ADDR 参数（在通信伙伴上）定义的接收区长度相同。SD 的数据类型还必须和 VAR_ADDR 的数据类型相匹配。其输入和输出的含义如表 5 - 1。

表 5 - 1　X_PUT（SFC68）指令格式

LAD	输入/输出	含　义	数据类型
"X_PUT" EN　　　ENO REQ　　RET_VAL CONT 　　　　BUSY DEST_ID VAR_ADDR SD	EN	使能	BOOL
	REQ	发送请求	BOOL
	CONT	发送完整性	BOOL
	DEST_ID	对方的 MPI 地址	WORD
	VAR_ADDR	对方的数据区	ANY
	SD	本机的数据区	ANY
	RET_VAL	返回数值（如错误值）	INT
	BUSY	发送是否完成	BOOL

注：数据类型 ANY 表示的是指针类型，大小占用 10 字节。

（2）X_GET（SFC67）是接收数据的指令，通过 SFC67"X_GET"指令，可以从本地 S7 站以外的通信伙伴中读取数据。在通信伙伴上没有相应的 SFC。在通过 REQ=1 调用 SFC 之后，激活读作业。此后，可以继续调用 SFC，直到 BUSY=0 指示数据接收为止。最后，我们可以从 RET VAL 中读取以字节为单位的、已接收的数据块的数据。

必须要确保由 RD 参数定义的接收区（在接收 CPU 上）至少和由 VAR_ADDR 参数定义的要读取的区域（在通信伙伴上）一样大。RD 的数据类型还必须和 VAR_ADDR 的数据类型相匹配。其输入和输出的含义如表 5 - 2。

表 5 - 2　X_GET（SFC67）指令格式

LAD	输入/输出	含　义	数据类型
"X_GET" EN　　　ENO REQ　　RET_VAL CONT 　　　　BUSY DEST_ID VAR_ADDR　RD	EN	使能	BOOL
	REQ	发送请求	BOOL
	CONT	发送完整性	BOOL
	DEST_ID	对方的 MPI 地址	WORD
	VAR_ADDR	对方的数据区	ANY
	RD	本机的数据区	ANY
	RET_VAL	返回数值（如错误值）	INT
	BUSY	发送是否完成	BOOL

任务实施

S7－200 PLC 与 S7－300 PLC 间的 MPI 通信

S7－200 PLC 与 S7－300 PLC 间的 MPI 通信只能采用单边无组态通信，也就是通信无需组态。以下用一个例子说明这种通信的方法。

1. 控制要求

有两台设备，分别由一台 CPU 314C－2D P 和一台 CPU 226CN 控制，从设备 1 上的 CPU 314C－2 DP 发出启/停控制命令，设备 2 的 CPU 226CN 收到命令后，对设备 2 进行启停控制，同时设备 1 上的 CPU 314 C－2 DP 监控设备 2 的运行状态。

2. 训练要达到的目的

(1) 掌握通信的硬件制作方法。

(2) 掌握 MPI 通信的设计方法。

3. 控制要求分析

MPI 通信硬件配置图如图 5－3 所示，PLC 接线图如图 5－4 所示。

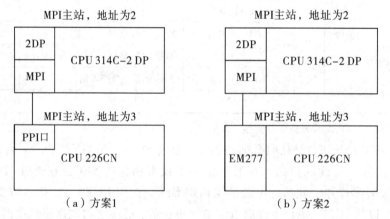

（a）方案1   （b）方案2

图 5－3　MPI 通信硬件配置图

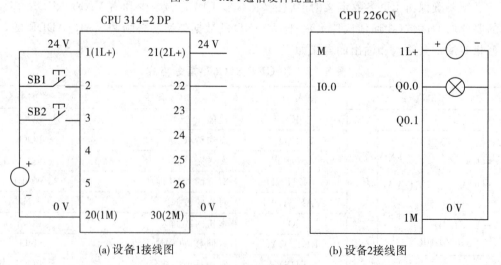

(a)设备1接线图   (b)设备2接线图

图 5－4　PLC 接线图

从图 5-3 中可以看出，S7-200 PLC 与 S7-300 PLC 间的 MPI 通信有两种配置方案。方案 1 只要将 PROFIBUS 网络电缆（含两个网络总线连接器）连接在 S7-300 PLC 的 MPI 接口和 S7-200 PLC 的 PPI 接口上即可，而方案 2 却需要另加一个 EM277 模块，显然成本要多一些，但当 S7-200 PLC 的 PPI 接口不够用时，方案 2 是可以选择的配置方案。

4. 实训设备

将设备 1 上的 CPU 314C-2 DP 作为主站，主站的 MPI 地址为 2；将设备 2 上的 CPU 226CN 作为从站，从站的 MPI 地址为 3。

主要软硬件配置如下：

CPU314C-2 DP 1 台。

CPU 226CN 1 台。

EM277 1 台。

编程电缆（或者 CP5611 卡）1 根。

PROFIBUS 网络电缆（含两个网络总线连接器）1 根。

5. 设计步骤

1）硬件组态

S7-200 PLC 与 S7-300 PLC 间的 MPI 通信只能采用无组态通信，无组态通信指通信无须组态完成通信任务，故只需要编写程序即可。只要用到 S7-300 PLC，硬件组态还是不可缺少的。

（1）新建工程并插入站点。新建工程，命名为"6-1"，再插入站点，重命名为"Master"，如图 5-5 所示，双击"硬件"，打开硬件组态界而。

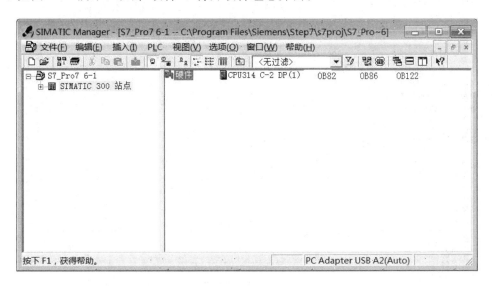

图 5-5　新建工程并插入站点

注意：要在 SIMATIC 300 站点中添加"OB82、OB86、OB122"，才可以进行 MPI 通信。

（2）组态主站硬件。先插入导轨，再插入 CPU 模块，如图 5-6 所示，双击"CPU 314C

- 2 DP",打开 MPI 通信参数设置界面,单击"属性"按钮,将弹出 MPI 通信参数设置界面,如图 5 - 7 所示。

图 5 - 6   组态主站硬件

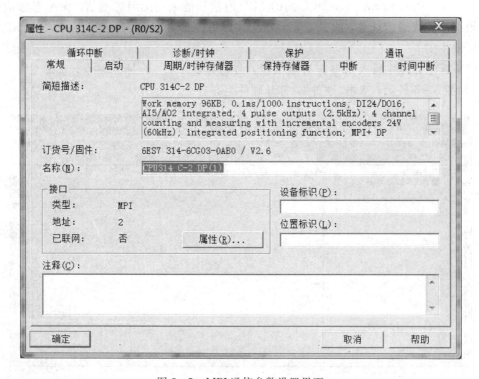

图 5 - 7   MPI 通信参数设置界面

(3)设置主站的 MPI 通信参数。先选定 MPI 的通信波特率为默认的"187.5Kbps",再选定主站的 MPI 地址为"2",单击"确定"按钮,如图 5 - 8 所示。最后编译保存并下载硬件组态,在此不再赘述。

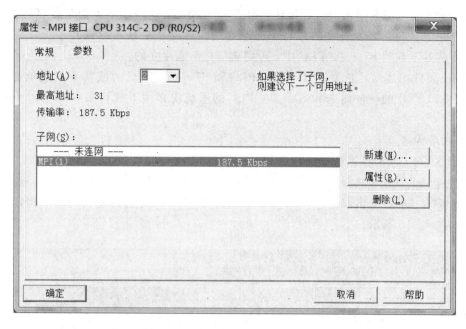

图 5 - 8　设置主站的 MPI 通信参数

（4）打开系统块。完成以上步骤后，S7 - 300 PLC 的硬件组态完成，但还必须设置 S7 - 200 PLC 的通信参数。先打开 STEP 7 - Micro/WIN，选定工具条中的"系统块"按钮，并双击之，将会弹出如图 5 - 9 的对话框。

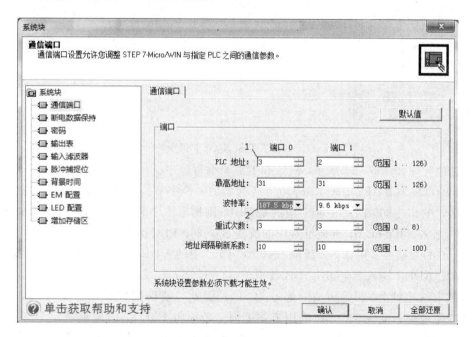

图 5 - 9　设置从站的 MPI 通信参数

（5）设置从站的 MPI 通信参数。先将用于 MPI 通信的接口（本例为 port0）的地址设置成"3"，一定不能设定为"2"，再将波特率设定为"187.5 kb/s"，该数值与 S7 - 300 PLC 的波特率必须相等，最后单击"确认"按钮，如图 5 – 9 所示，这一步不少初学者容易忽略，其实这一步非常关键，因为各站的波特率必须相等，这是一个基本原则。系统块设置完成后，还要将其下载到 S7 – 200 PLC 中，否则通信是不能建立的。

注意：硬件组态时，必须使 S7 – 200 PLC 和 S7 – 300 PLC 的波特率设置值相等；此外，S7 – 300 PLC 的硬件组态和 S7 – 200 PLC 的系统块必须下载到相应的 PLC 中才能起作用。

2）程序编写

X_PUT (SFC68)发送数据的指令和 X_GET (SFC67)接收数据的指令是系统功能，即系统预先定义的功能，只要将"库"展开，再展开"Standart libarary（标准库）"，选定"X_PUT"或者"X_GET"，再双击它，"X_PUT"或者"X_GET"即会自动在网络中指定的位置弹出，如图 5 – 10 所示。

图 5 – 10   X_PUT 和 X_GET 指令的位置

主站的程序如图 5 – 11 所示，从站并不需要编写程序。

注：P♯Q0.0 BYTE 1 表示以 Q0.0 为起始的一个字节。如果要读取 S7 – 200 PLC 的 V 存储区，在 S7 – 300 PLC 中相对应的是 DB1，则梯形图中的参数 VAR_ADDR 应设定为 P♯DB1. ×××BYTE n，该地址对应的就是 S7 – 200 PLC 的 V 存储区当中的 VB×× 到 (×× + n)的数据区。例如，要读取 S7 – 200 PLC 中的 VB100 开始的 16 B 的数据，则在参数 VAR_ADDR 写入 P♯DB1. DBX100.0 BYTE 16。

本例主站地址为"2"，从站的地址为"3"。因此，硬件配置采用方案 1 时，必须将"PPI 口"的地址设定为"3"；而采用方案 2 时，必须将 EM277 的地址设定为"3"，设定完成后还要将 EM277 断电，这样新设定的地址才能起作用。指令"X_PUT"的参数 SD 和 VAR_ADDR 的数据类型可以据实际情况确定，但在同一程序中数据类型必须一致。

程序段1：标题：

//将M0.0和M0.1置位，允许发送和接收信息

程序段2：标题：

//启动和停止发送/接收信息

程序段3：标题：

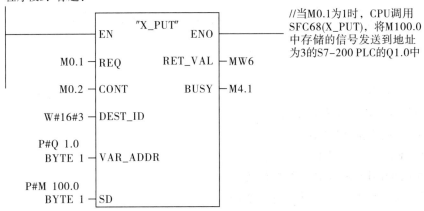

//当M0.1为1时，CPU调用SFC68(X_PUT)，将M100.0中存储的信号发送到地址为3的S7-200 PLC的Q1.0中

程序段4：标题：

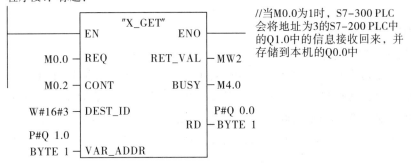

//当M0.0为1时，S7-300 PLC会将地址为3的S7-200 PLC中的Q1.0中的信息接收回来，并存储到本机的Q0.0中

图 5 – 11　主站程序

思考与练习

1. 简述 MPI 通信。

2. 何为无组态连接？

3. 完成任务实施中的实践操作。

任务 2　如何实现 S7 – 300 PLC 与 S7 – 200 PLC 之间的 PROFIBUS – DP 总线通信

任务引入

　　PROFIBUS 已被纳入现场总线的国际标准 IEC 61158 和欧洲标准 EN50170，并于 2001 年被定为我国的机械行业标准 JB/T 10308.6 – 2001。PROFIBUS – DP 这种精简的结构特别适合数据的高速传送，PROFIBUS – DP 用于自动化系统中单元级控制设备与分布式 I/O 的通信。主站之间的通信为令牌方式，主站与从站之间为主从方式，以及这两种方式的混合。

　　如何实现 S7 – 300 PLC 与 S7 – 200 PLC 之间的 PROFIBUS – DP 通信，是本次任务要完成的目标。

任务分析

　　通过本任务的学习，应了解和熟悉以下知识目标：
　　(1) 熟悉现场总线的相关知识。
　　(2) 熟悉 PROFIBUS – DP 总线的相关知识。
　　(3) 掌握 PROFIBUS – DP 总线的设置方法。
　　(4) 成功实施 PROFIBUS – DP 总线通信。

相关知识

1. PROFIBUS 通信基础

1）现场总线及其国际标准

　　IEC(国际电工委员会)对现场总线(Fieldbus)的定义是："安装在制造和过程区域的现场装置与控制室内的自动控制装置之间的数字式、串行、多点通信的数据总线称为现场总线"。IEC 61158 是迄今为止制定时间最长、意见分歧最大的国际标准之一。制定时间超过 12 年，先后经过 9 次投票，在 1999 年底获得通过。IEC 61158 最后容纳了 8 种互不兼容的协议：

　　类型 1：原 IEC61158 技术报告，即现场总线基金会(FF)的 H1。
　　类型 2：Control Net (美国 Rockwell 公司支持)。
　　类型 3：PROFIBUS (德西门子公司支持)。
　　类型 4：P – Net (丹麦 Process Data 公司支持)。
　　类型 5：FF 的 HSE (原 FF 的 H2，高速以太网，美国 Fisher Rosemount 公司支持)。
　　类型 6：Swift Net (美国波音公司支持)。
　　类型 7：WorldFIP (法国 Alstom 公司支持)。
　　类型 8：Interbus (德国 Phoenix contact 公司支持)。

各类型将自己的行规纳入 IEC 61158，且遵循两个原则：

（1）不改变 IEC 61158 技术报告的内容。

（2）8 种类型都是平等的，类型 2～8 都对类型 1 提供接口，标准并不要求类型 2～8 之间提供接口。

2）工厂自动化网络结构

（1）现场设备层：主要功能是连接现场设备。例如，分布式 I/O、传感器、驱动器、执行机构和开关设备等，完成现场设备控制及设备间联锁控制。

（2）车间监控层：车间监控层又称为单元层，用来完成车间主生产设备之间的连接，包括生产设备状态的在线监控、设备故障报警及维护等，还有生产统计、生产调度等功能。传输速度不是最重要的，但是应能传送大容量的信息。

（3）工厂管理层：车间操作员工作站通过集线器与车间办公管理网连接，将车间生产数据传送到车间管理层。车间管理网作为工厂主网的一个子网，可连接到厂区骨干网，将车间数据集成到工厂管理层。工厂自动化网络结构如图 5 - 12 所示。

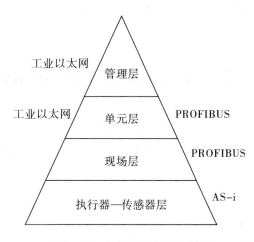

图 5 - 12 工厂自动化网络结构

2. PROFIBUS 的类型

PROFIBUS 已被纳入现场总线的国际标准 IEC 61158 和欧洲标准 EN50170，并于 2001 年被定为我国的机械行业标准 JB/T 10308.6—2001。PROFIBUS 在 1999 年 12 月通过的 IEC 61156 中被称为 Type 3，PROFIBUS 的基本部分称为 PROFIBUS - V0。在 2002 年新版的 IEC61156 中增加了 PROFIBUS - V1、PROFIBUS - V2 和 RS - 485IS 等内容。新增的 PROFInet 规范作为 IEC 61158 的 Type10。截至 2003 年年底，安装的 PROFIBUS 节点设备已突破了 1000 万个，在中国超过 150 万个。

ISO/OSI 通信标准由 7 层组成，并分为两类。一类是面向用户的第 5 层到第 7 层，另一类是面向网络的第 1 到第 4 层。第 1 到第 4 层描述了数据从一个地方传输到另一个地方，第 5 层到第 7 层则是给用户提供适当的方式访问网络系统。PROFIBUS 协议使用了 ISO/OSI 模型的第 1 层、第 2 层和第 7 层。

从用户的角度看，PROFIBUS 可提供 3 种通信协议类型：PROFIBUS - FMS、PROFIBUS - DP 和 PROFIBUS - PA。

（1）PROFIBUS – FMS（Fieldbus Message Specification，现场总线报文规范）：使用了第1层、第2层和第7层。第7层（应用层）包含 FMS（现场总线报文规范）和 LLI（底层接口），FMS 包含应用协议和提供通信服务，LLI 建立各种类型的通信关系，并给 FMS 提供不依赖于设备的对第2层的访问。其主要用于系统级和车间级的不同供应商的自动化系统之间传输数据，处理单元级（PLC 和 PC）的多主站数据通信。

（2）PROFIBUS – DP（Decentralized Periphery，分布式外部设备）：使用第1层和第2层，这种精简的结构特别适合数据的高速传送，PROFIBUS – DP 用于自动化系统中单元级控制设备与分布式 I/O（例如 ET 200）的通信。主站之间的通信为令牌方式，主站与从站之间为主从方式，以及这两种方式的混合。

（3）PROFIBUS – PA（Process Automation，过程自动化）：用于过程自动化的现场传感器和执行器的低速数据传输，使用扩展的 PROFIBUS – DP 协议。传输技术采用 IEC 1158 – 2标准，可以用于防爆区域的传感器和执行器与中央控制系统的通信。使用屏蔽双绞线电缆，由总线提供电源。此外，基于 PROFIBUS，还推出了用于运动控制的总线驱动技术 PROFI – drive 和故障安全通信技术 PROFI – safe。

任务实施

S7 – 300 PLC 与 S7 – 200 PLC 间的现场总线通信

1. 控制要求

模块化生产线的主站为 CPU 314C – 2 DP，从站为 CPU 226CN 和 EM277 的组合，主站发出开始信号（开始信号为高电平），从站接收信息，并使从站的指示灯以 1 s 为周期闪烁。

2. 训练要达到的目的

（1）掌握通信的硬件制作方法。

（2）掌握 PROFIBUS – DP 总线的程序设计方法。

3. 控制要求分析

PROFIBUS – DP 现场总线硬件配置图如图 5 – 13 所示，PLC 接线图如图 5 – 14 所示。

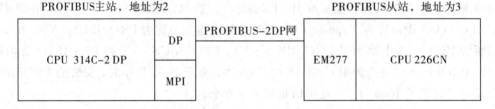

图 5 – 13　PROFIBUS 现场总线硬件配置图

S7 – 300 PLC 与 S7 – 200 PLC 的 PROFIBUS – DP 通信总的方法是：首先对主站 CPU 314C – 2 DP 的硬件进行硬件组态，下载硬件，再编写主站程序，下载主站程序；编写从站程序，下载从站程序，最后建立主站和从站的通信。

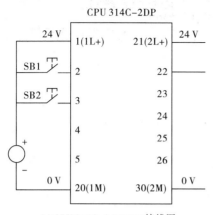
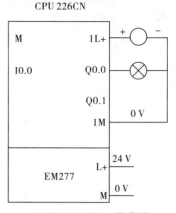

(a) CPU 314C‒2 DP PLC接线图　　　　　(b) CPU 226CN PLC接线图

图 5 - 14　PROFIBUS 现场总线通信 PLC 接线图

4. 实训设备

主要软硬件配置：

CPU 314C - 2 DP 1 台。

CPU 226CN 1 台。

EM277 1 台。

编程电缆(或者 CP5611 卡)1 根。

PROFIBUS 网络电缆(含两个网络总线连接器)1 根。

5. 设计步骤

1) CPU 314 - 2 DP 的硬件组态

(1) 打开 STEP 7 软件，新建项目，弹出"新建项目"对话框，如图 5 - 15 所示。在"名称(M)"中输入"Profibus"，再单击"确定"按钮，将会弹出如图 5 - 16 对话框。

图 5 - 15　新建项目 1

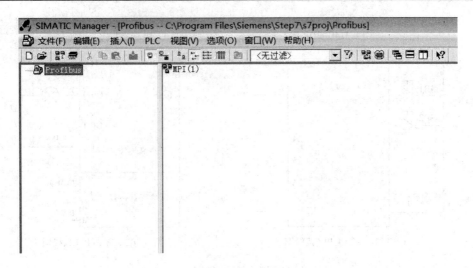

图 5-16 新建项目 2

（2）插入站点。如图 5-17 所示，单击菜单栏中的"插入"，在下拉列表中再单击"站点"和"SIMATIC 300 站点"子菜单，将会弹出如图 5-18 对话框。这一步骤的目的主要是为了插入主站。

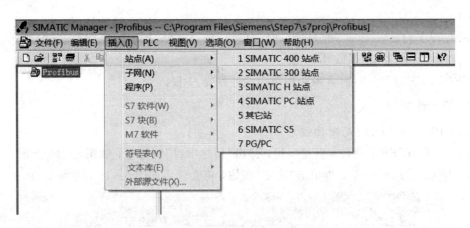

图 5-17 插入站点 1

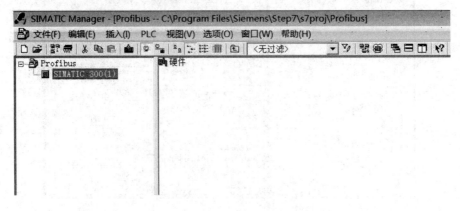

图 5-18 插入站点 2

（3）插入导轨。双击图 5 - 18 中的"硬件"图标，可添加导轨。具体步骤是：如图 5 - 19 所示，展开项目中的"SIMATIC 300"下"RACK - 300"中的下拉列表，双击导轨"Rail"，添加导轨(0)UR。

图 5 - 19　插入导轨

注意：硬件配置的第一步都是加入导轨，否则下面的步骤不能进行。

（4）插入 CPU。展开项目中"SIMATIC 300"下的"CPU - 300"，再展开"CPU 314C - 2 DP"下的"6ES7 314 - 6 CG06 - 0AB0"，将"V2.6"拖入导轨的 2 号槽中，如图 5 - 20 所示。若选用了西门子的电源，则在配置硬件时，应该将电源加入到第一槽。本例中使用的是西门子电源 PS。

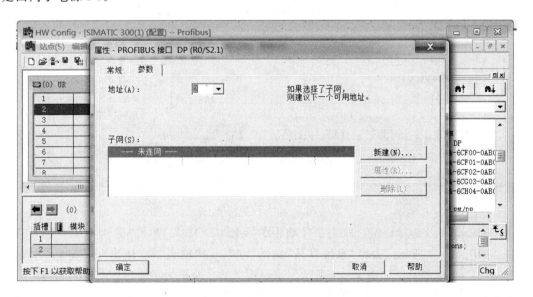

图 5 - 20　插入 CPU

（5）配置网络。双击 2 号槽中的"DP"，弹出"属性-DP"对话框；单击"属性"按钮，弹出"属性-PROFIBUS 接口 DP"对话框，如图 5 - 21 所示；单击"新建"按钮，弹出"属性-新建子网 PROFIBUS"对话框，在选项框中，选定传输率为"1.5Mbps"和配置文件为"DP"，然后单击"确定"按钮，会弹出如图 5 - 22 所示对话框。从站便可以挂在 PROFIBUS 总线上。

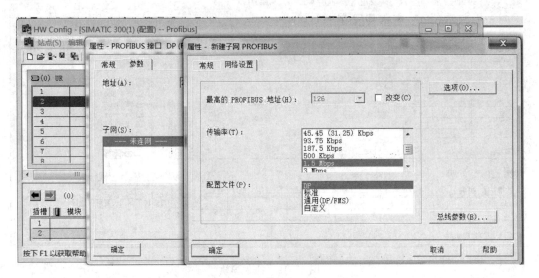

图 5 - 21　新建网络

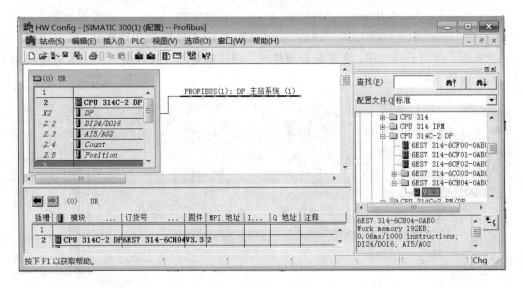

图 5 - 22　配置网络

（6）修改 I/O 起始地址。双击 2 号槽中的"DI24/DO16"，弹出"属性-DI24/DO16"对话框，如图 5 - 23 所示，去掉"系统默认"前的"√"，在"输入"和"输出"的"开始"中输入"0"，单击"确定"按钮，如图 5 - 24 所示。该步骤目的主要是为了使程序中输入和输出的起始地址都从"0"开始，这样更加符合我们的习惯，若没有这个步骤，也是可行的，但程序中输入和输出的起始地址都要从"124"开始，较不方便。

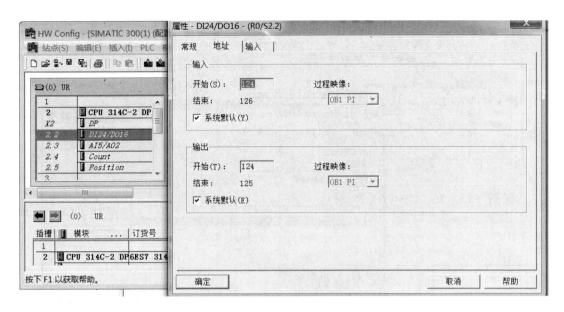

图 5 - 23　修改 I/O 起始地址 1

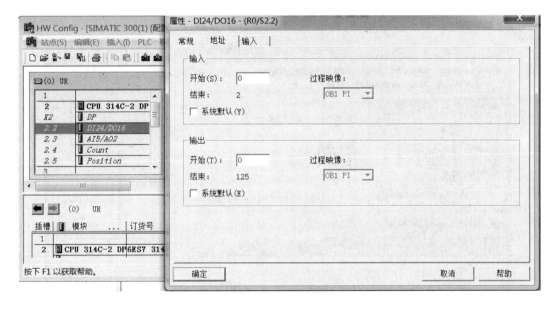

图 5 - 24　修改 I/O 起始地址 2

（7）配置从站地址。先选中总线"PROFIBUS"，再展开项目。先后展开"PROFIBUS - DP"→"Additional Field Device"→"PLC"→"SIMATIC"，再双击"EM 277 PROFIBUS - DP"，会弹出"属性- PROFIBUS 接口"对话框，将地址改为"3"，最后单击"确定"按钮，如图 5 - 25 所示。

（8）分配从站通信数据存储区。先选中 3 号站，展开项目"EM 277 PROFIBUS - DP"，再双击"1 Word Out/1 Word In"，如图 5 - 26 所示。当然也可以选其他的选项，该选项的含义是：每次主站接收信息为 1 个字，发送的信息也为 1 个字。

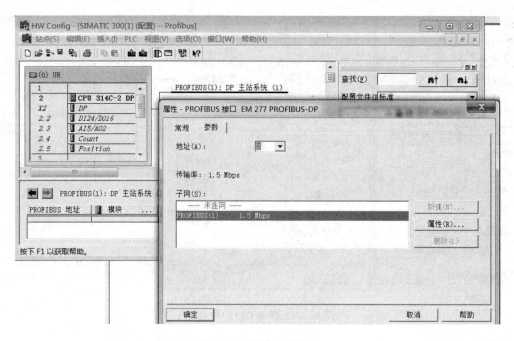

图 5 – 25　配置从站地址

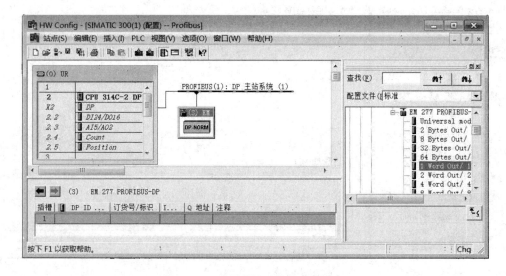

图 5 – 26　分配从站通信数据存储区

（9）修改通信数据发送区和接收数据区的起始地址。先选中 3 号站下数据的接收和发送区，双击之，弹出"属性–DP 从站"对话框，如图 5 – 27 所示；再在输入的启动地址中输入"3"，输出启动地址中输入"2"，如图 5 – 28 所示，再单击"确定"按钮。这样做的目的是为了使后续程序的输入/输出地址更加符合我们的习惯，这个步骤可以没有。

（10）下载硬件组态。到目前为止，已经完成了硬件的组态，单击"保存和编译"按钮，若有错误，则会显示，没有错误，系统将自动保存硬件组态；接着单击"下载"按钮，系统会将硬件配置下载到 PLC 中。下载硬件的步骤是不可缺少的，否则前面所做的硬件配置工作都是徒劳的，但保存和编译步骤可以省略，因为单击"下载"按钮也可以起到这个作用。

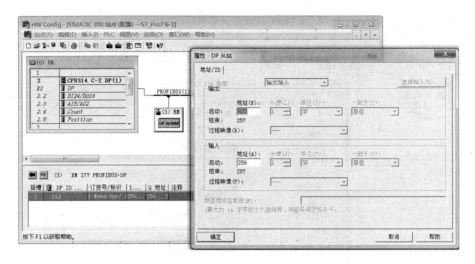

图 5-27　修改通信数据发送区和接收数据区起始地址 1

图 5-28　修改通信数据发送区和接收数据区起始地址 2

（11）打开块并编译程序。激活"SIMATIC Manager - profibus"界面，展开工程"profibus"，选中"块"，如图 5-29 所示。单击"OB1"，弹出"属性-组织块"对话框，再单击"确定"按钮，如图 5-30 所示。之后弹出"LAD/STL/FBD"界面，实际上是程序编辑界面，在此界面上输入要编写的程序。

图 5-29　打开 OB1

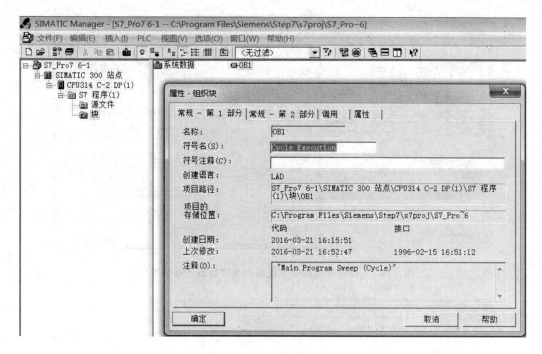

图 5 - 30　查看 OB1 属性

2) 编写程序

(1) 设置从站地址。从站地址为"3"，将 EM277 上设置地址的旋钮"×10"旋到"0"，将"×1"旋到"3"，即从站地址设置完毕。

(2) 编写主站程序。按照以上步骤进行硬件组态后，主站和从站的通信数据发送区和接收数据区即可进行数据通信了，主站和从站的发送区和接收数据区对应关系见表 5 - 3。

表 5 - 3　主站和从站发送区和接收数据区对应关系

序号	主站 S7 - 300 PLC	对应关系	从站 S7 - 200 PLC
1	QW2	→	VW0
2	IW3	←	VW2

主站将信息存入 QW2 中，发送到从站的 VW0 数据存储区，那么主站的发送数据区为什么是 QW2 呢？因为 CPU 314C - 2 DP 自身的 16 点数字输出占用了 QW0，因此不可能是 QW0，QW2 是在设计步骤(9)中图 5 - 28 设定的。当然也可以设定为其他的单元，但不可以设定为 QW0。从站的接收区默认为 VW0，从站的发送区默认为 VW2，该单元是可以在硬件组态时更改的，更改时在"PROFIBUS(1)"总线上双击 EM277 从站，在弹出的对话框中选择"分配参数"选项卡，修改"I/O Offset in the V - memory"(V 区偏移量)为 2，如图 5 - 31 所示，这意味着对应的 S7 - 200PLC 的 V 区接收区更改为 VW2，从站的发送区更改为 VW4。

从站的信息可以通过 VW2 送到主站的 IW3。注意，务必要将组态后的硬件和编译后软件全部下载到 PLC 中。

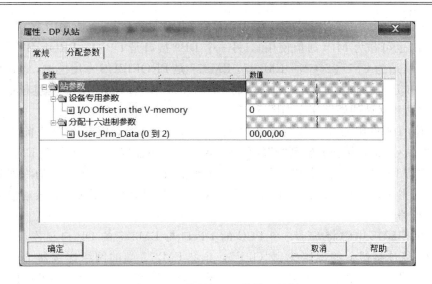

图 5 – 31　"属性 – DP 从站"对话框

主站程序编写如图 5 – 32 所示。

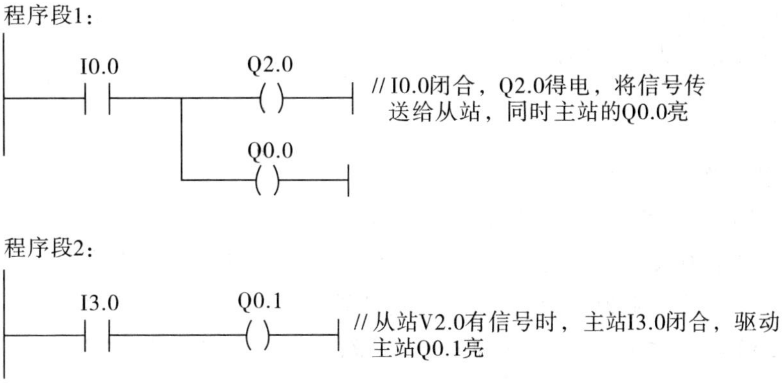

程序段1:

```
     I0.0           Q2.0
 ─────┤├──────────────( )────────    // I0.0闭合，Q2.0得电，将信号传
                                        送给从站，同时主站的Q0.0亮
                     Q0.0
                    ─( )──
```

程序段2:

```
     I3.0           Q0.1
 ─────┤├──────────────( )────────    // 从站V2.0有信号时，主站I3.0闭合，驱动
                                        主站Q0.1亮
```

图 5 – 32　CPU 314 – 2 DP 主站程序

（3）编写从站程序。在电脑上点击打开 S7 – 200 PLC 编程软件 STEP7 – Micro/WIN，在梯形图中输入如图 5 – 33 所示的程序。程序的含义是：当从站接收到主站的信号时，Q0.0 以 1 s 的频率闪烁。当从站 I0.0 闭合时，V2.0 得电，信号传给主站。

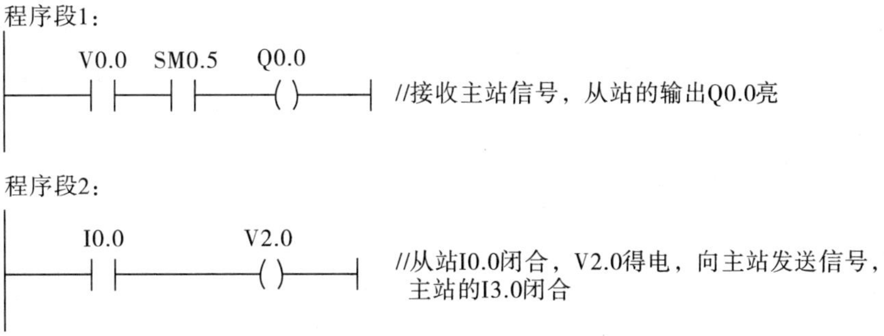

程序段1:

```
     V0.0   SM0.5   Q0.0
 ─────┤├─────┤├──────( )────────    //接收主站信号，从站的输出Q0.0亮
```

程序段2:

```
     I0.0           V2.0
 ─────┤├──────────────( )────────    //从站I0.0闭合，V2.0得电，向主站发送信号，
                                        主站的I3.0闭合
```

图 5 – 33　S7 – 200 PLC 从站程序

(4) 硬件连接。主站 CPU 314C - 2 DP 有两个 DB9 接口，一个是 MPI 接口，它主要用于下载程序（也可作为 MPI 通信使用），另一个 DB9 接口是 DP 口，PROFIBUS 通信使用这个接口。从站为 CPU 226CN＋EM277，EM277 是 PROFIBUS 专用模块，该模块上面的 DB9 接口为 DP 口，主站的 DP 口和从站的 DP 口用专用的 PROFIBUS 电缆和专用网络接头相连，主站和从站的硬件连线如图 5 - 13 所示。

在前述的硬件组态中，已经将从站的地址设定为"3"，因此在通信前，必须要将 EM277 的"站号"选择旋钮旋转到"3"的位置，否则通信不能成功，完成设定 EM277 的站地址后，必须将 EM277 断电，新设定的站地址才能生效。从站网络连接器的终端电阻应置于"ON"，与主站通信时，如果 EM277 上的 DX MODE 绿灯亮，则表示总线通信正常。

3) 软硬件调试

用 PROFIBUS 电缆将 S7 - 300 PLC 的 DP 口与 EM277 的 DP 口相连，将 S7 - 300 PLC 端的网络连接器上的旋钮拨到"OFF"，并将 EM277 端的网络连接器上的旋钮拨到"ON"上，再将程序下载到 PLC 中。最后将两台 PLC 的运行状态从"STOP"都拨到"RUN"上，然后进行程序调试。

当主站 I0.0 闭合时，主站的 Q0.0 亮，从站的 Q0.0 间隔 0.5 s 闪烁。

当从站 I0.0 闭合时，主站的 Q0.1 亮。

达到上述要求，即表示程序调试正确。

 思考与练习

1. 何为现场总线？

2. 何为 PROFIBUS - DP 总线？

3. 控制要求：模块化生产线的主站为 CPU 314C - 2DP，从站为 2 台 CPU 226 CN 和 EM277 的组合，地址分别为 3 和 4，主站发出开始信号（开始信号为高电平），从站接收信息，从站 3 的 QB0 指示灯以 1s 为周期闪烁，从站 4 的 QB0 的奇偶数灯间隔 0.5 s 闪烁。

试编写梯形图程序。

参 考 文 献

［1］ 柳春生．电器控制与 PLC（西门子 S7－300 机型）［M］．北京：机械工业出版社，2012.

［2］ 向晓汉．S7－300/400 PLC 基础与案例精选［M］．北京：机械工业出版社，2011.

［3］ 秦绪平，张万忠．西门子 S7 系列可编程控制器应用技术［M］．北京：化学工业出版社，2011.

［4］ 廖常初．S7－300/400 PLC 应用技术［M］．北京：机械工业出版社，2013.

［5］ 陈忠平，邬书跃，等．西门子 S7－300/400 快速应用［M］．北京：人民邮电出版社，2012.

［6］ 陈海霞，柴瑞娟，等．西门子 S7－300/400 PLC 编程技术及工程应用［M］．北京：机械工业出版社，2012.